U0713190

漳卫南运河年鉴

（2018）

漳卫南运河管理局　编

中国水利水电出版社
www.waterpub.com.cn
·北京·

内 容 提 要

《漳卫南运河年鉴》由水利部海河水利委员会漳卫南运河管理局主办，是反映漳卫南运河水利事业发展、全面记录漳卫南局年度工作发展轨迹、为领导决策提供查考依据、为各部门工作提供信息咨询的工具书。《漳卫南运河年鉴》每年编印一册，2018年卷主要收录2017年的资料。

图书在版编目（CIP）数据

漳卫南运河年鉴. 2018 / 漳卫南运河管理局编. -- 北京 : 中国水利水电出版社, 2018.12
ISBN 978-7-5170-7179-2

Ⅰ. ①漳… Ⅱ. ①漳… Ⅲ. ①运河－天津－2018－年鉴 Ⅳ. ①TV882.821-54

中国版本图书馆CIP数据核字(2018)第260065号

书　　名	**漳卫南运河年鉴（2018）** ZHANGWEINAN YUNHE NIANJIAN（2018）
作　　者	漳卫南运河管理局　编
出版发行	中国水利水电出版社 （北京市海淀区玉渊潭南路1号D座　100038） 网址：www. waterpub. com. cn E-mail：sales@waterpub. com. cn 电话：(010) 68367658（营销中心）
经　　售	北京科水图书销售中心（零售） 电话：(010) 88383994、63202643、68545874 全国各地新华书店和相关出版物销售网点
排　　版	中国水利水电出版社微机排版中心
印　　刷	北京印匠彩色印刷有限公司
规　　格	184mm×260mm　16开本　13印张　308千字
版　　次	2018年12月第1版　2018年12月第1次印刷
印　　数	0001—1000册
定　　价	**120.00**元

《漳卫南运河年鉴》编纂委员会

《漳卫南运河年鉴》编辑部

《漳卫南运河年鉴》特约编辑

编 辑 说 明

一、《漳卫南运河年鉴》由水利部海河水利委员会漳卫南运河管理局（以下简称漳卫南局）主办，是反映漳卫南运河水利事业发展、全面记录漳卫南局年度工作发展轨迹、为领导决策提供查考依据、为各部门工作提供信息咨询的工具书。《漳卫南运河年鉴》每年编印一册，2018年卷主要收录2017年的资料。

二、本年鉴包括河系概况、要载·专论、年度综述、大事记、落实最严格水资源管理制度示范项目、工程管理、工程建设、防汛抗旱、水政水资源管理、水文工作、水资源保护、综合管理、局属各单位、附录等栏目。

三、栏目内容包含条目、文章和图表。标有方头括号（【】）者为条目名称。

四、本年鉴采用中华人民共和国法定计量单位，技术术语、专业名词、数字、符号等力求符合规范要求或约定俗成。

五、本年鉴中机构名称首次出现时用全称，并加括号注明简称，再次出现时使用简称。

六、“大事记”中，同月同日发生的事件在同一年月日下分段记述；无法确定具体日期的事件，记录在事件发生月的最后，并在段前加“□”。

七、限于编辑水平，本年鉴编辑中存在的错误和疏漏不足之处，敬请指正。

《漳卫南运河年鉴》编辑部

2018年5月

编辑说明

目　录

编辑说明

河系概况 …… 1

河流水系 …… 3

地形地貌 …… 3

气象水文 …… 4

水旱灾害 …… 4

水利建设 …… 4

社会经济 …… 5

历史文化 …… 5

要载·专论 …… 7

务实进取　开拓创新　努力实现漳卫南局水利改革发展新突破——在漳卫南局 2017 年工作会议上的讲话（摘要）　张胜红 …… 9

以全面推行河长制为契机　努力实现漳卫南运河管理保护新跨越　张胜红 …… 15

年度综述 …… 19

2017 年漳卫南局水利发展综述 …… 21

大事记 …… 23

落实最严格水资源管理制度示范项目 …… 31

基本情况 …… 33

队伍建设 …… 33

项目管理 …… 33

项目设计与成果应用 …… 34

饮用水源地保护技术培训班项目 …… 35

工程管理 …… 37

制度建设 …… 39

标准化管理 …… 39

专项维修养护 …… 39

科技管理 …… 45

安全生产 …… 53

工程建设 …… 55
前期工作 …… 57
在建项目 …… 57
防汛抗旱 …… 59
汛前准备 …… 61
汛期应对 …… 62
雨洪资源利用 …… 63
水政水资源管理 …… 65
水法规宣传与普法 …… 67
水政监察队伍建设 …… 67
水行政执法与监督管理 …… 68
涉河建设项目管理 …… 68
漳河河道采砂管理 …… 69
违章建筑及阻水障碍 …… 69
漳卫新河河口管理 …… 69
岳城水库周边采煤监管 …… 70
水资源管理工作 …… 70
水文工作 …… 73
雨情水情 …… 75
汛前准备 …… 75
制度建设 …… 75
站网管理 …… 75
水质监测 …… 75
水资源监测 …… 76
水文情报预报 …… 76
资料整编 …… 76
水文项目管理 …… 76
水文统计 …… 76
水文队伍建设 …… 77
水资源保护 …… 79
创新工作机制 …… 81
水功能区和入河排污口监督管理 …… 81
岳城水库饮用水水源地保护 …… 81
供水保障工作 …… 81
突发水污染事件应急防范 …… 81
项目验收和预算编制 …… 81
科研工作 …… 81

推进河长制工作 …… 82
综合管理 …… 83
政务管理 …… 85
宣传工作 …… 85
保密工作 …… 85
人事管理 …… 85
财务管理 …… 94
公务用车改革工作 …… 95
价格收费 …… 95
信息系统管理 …… 95
机关党建 …… 95
精神文明建设 …… 96
工会工作 …… 96
团委工作 …… 96
党风廉政建设 …… 96
机关建设与后勤管理 …… 97
局属各单位 …… 99
卫河河务局 …… 101
工程建设与管理 …… 101
防汛抗旱 …… 101
水政工作 …… 102
水资源管理与保护 …… 102
河长制工作 …… 102
综合经营 …… 103
卫河共渠堤防绿化数据库应用系统 …… 103
绿化经营“所有林”模式试点 …… 103
人事管理 …… 103
综合管理 …… 114
安全生产 …… 114
党群工作与精神文明建设 …… 114
党风廉政建设 …… 114
邯郸河务局 …… 115
工程管理 …… 115
防汛工作 …… 116
水政水资源管理 …… 117
人事管理 …… 118
财务管理 …… 118

经济工作 …… 119
安全生产 …… 119
党群工作及精神文明建设 …… 119
党风廉政建设 …… 120
聊城河务局 …… 120
工程建设与管理 …… 120
水政水资源管理 …… 121
防汛抗旱 …… 121
人事管理 …… 122
财务管理与审计监督 …… 127
党群工作与精神文明建设 …… 127
综合管理 …… 128
安全生产 …… 128
党风廉政建设 …… 128
邢台衡水河务局 …… 129
工程管理 …… 129
水政水资源 …… 129
防汛工作 …… 130
人事管理 …… 131
财务管理与审计 …… 134
党建工作 …… 134
安全生产 …… 134
精神文明建设 …… 134
综合管理 …… 135
德州河务局 …… 135
工程管理 …… 135
防汛抗旱 …… 136
水政工作 …… 136
人事管理 …… 137
安全生产 …… 139
党建工作 …… 139
党风廉政建设 …… 139
精神文明建设和工会工作 …… 140
综合管理 …… 140
经济工作 …… 140
沧州河务局 …… 140
防汛工作 …… 140
工程管理和维修养护工作 …… 141

水政工作 …… 141
推进河长制工作 …… 142
水土资源开发经营 …… 143
党建工作 …… 144
人事管理 …… 144
纪检监察 …… 148
审计工作 …… 149
安全生产工作 …… 149
综合管理 …… 149
财务管理 …… 150
精神文明建设 …… 150
岳城水库管理局 …… 151
工程建设与管理 …… 151
防汛抗旱 …… 151
水政水资源管理 …… 151
供水工作 …… 152
人事管理 …… 152
综合管理 …… 152
党群工作 …… 152
精神文明建设 …… 152
党风廉政建设 …… 153
四女寺枢纽工程管理局 …… 153
工程建设与管理 …… 153
四女寺枢纽北进洪闸除险加固工程 …… 154
防汛抗旱 …… 154
水文工作 …… 154
水政水资源管理 …… 155
人事管理 …… 155
党风廉政建设 …… 161
党建工作 …… 161
综合管理 …… 161
财务管理 …… 161
综合经营 …… 161
精神文明建设 …… 162
安全生产 …… 162
领导视察 …… 162
表彰奖励 …… 163

水闸管理局 …… 164
工程管理 …… 164
水政水资源管理 …… 164
防汛抗旱 …… 165
人事管理 …… 165
综合管理 …… 171
辛集收费站管理工作 …… 171
党建和党风廉政建设 …… 172
扶贫帮扶 …… 172
青年工作 …… 172
精神文明建设 …… 172
防汛机动抢险队 …… 173
防汛工作 …… 173
抢险队建设项目 …… 173
人事劳动管理 …… 173
综合管理 …… 176
安全生产 …… 177
“两学一做”学习教育 …… 177
精神文明建设 …… 177
党风廉政建设 …… 178
德州水电集团公司 …… 178
经营创收 …… 178
工程建设与管理 …… 179
综合管理 …… 179
人事劳动管理 …… 179
安全生产和环保工作 …… 179
党团工作与党风廉政建设 …… 179

附录 …… 181
附录 1　漳卫南运河管理局水功能区管理办法（试行）（漳水保〔2017〕1 号） …… 183
附录 2　漳卫南运河管理局业务成果奖励办法（修订）（漳建管〔2017〕7 号） …… 186
附录 3　漳卫南局水利工程基本建设项目管理办法（漳建管〔2017〕38 号） …… 188
附录 4　漳卫南局关于印发《漳卫南局全面推进河长制工作方案》的通知
（漳水保〔2017〕7 号） …… 191

河系概况

【河流水系】

漳卫南运河是海河流域南系骨干行洪排涝河道，由漳河、卫河、卫运河、南运河及漳卫新河组成，位于东经112°～118°，北纬35°～39°之间。西以太岳山为界，南临黄河、徒骇河、马颊河，北界滏阳河，东达渤海。以浊漳河南源为源，流经山西、河南、河北、山东、天津四省一市，至天津市三岔河口，全长1050km，流域面积37584km^2。

漳河上游有清漳河、浊漳河两条支流，于河北省涉县合漳村汇合为漳河干流，自观台入岳城水库。岳城水库以上漳河流域面积18100km^2。漳河出岳城水库后进入平原，向东北至馆陶县徐万仓与卫河共同汇入卫运河。按照现行的流域规划，漳河为海河水系源头，漳河自浊漳河南源源头至漳、卫河汇流处徐万仓村全长460km，流域面积19537km^2，占漳卫南运河流域总面积的51%。

卫河源于太行山南麓山西省陵川县夺火乡南岭，于河北省馆陶县徐万仓与漳河汇流。卫河支流繁多，主要有大沙河、淇河、汤河、安阳河等。由于历史原因，黄河北徙使卫河两岸形成多处洼地，成为蓄滞洪区，如良相坡、柳围坡、长虹渠、白寺坡、小滩坡、任固坡等。从河南省新乡市合河镇始至漳卫河汇合口徐万仓为卫河干流，全长329km。流域面积15229km^2，占漳卫南运河流域总面积的41%。

1958年四女寺枢纽修建后，将漳河、卫河于馆陶县徐万仓村汇合后至四女寺枢纽河段称卫运河。卫运河上承漳河、卫河，下启南运河、漳卫新河，是漳卫南运河水系中游河段，冀、鲁两省的省界河道，河道全长157km。卫运河为复式断面，半地上河，河槽之深，在海河流域各河道中居于首位，滩地与河底的高差一般在7～10m之间，河槽宽在70～200m之间。

历史上的南运河南起山东临清。1958年，扩挖四女寺减河后，南运河上端改由四女寺南运河节制闸起，经山东省德州市德城区，河北省故城县、景县、阜城县、吴桥县、东光县、南皮县、泊头市、沧县、沧州市区、青县，天津市静海县进入天津市市区，至三岔河口与北运河交汇入海河干流。南运河自四女寺枢纽至天津市静海县独流镇十一堡上改道闸段，为一级行洪河道，长309km，左堤长271.36km，右堤长273.1km；自十一里堡下改道闸至三岔河口段只作为排沥河道，不再承担防洪任务。

漳卫新河是在四女寺减河基础上人工开挖的一条分洪河道，起自德州市武城县四女寺枢纽，流经山东省德州市、宁津县、乐陵市、庆云县和河北省沧州市吴桥县、东光县、南皮县、盐山县、海兴县，于山东省滨州市无棣县大口河（古称大沽河）入海，全长257km（其中含岔河河道43.5km），流域面积3144km^2。1972—1973年对四女寺减河进行扩大治理期间，从四女寺至吴桥县大王铺（大致依循钩盘河故道）新辟一条岔河，于河北省吴桥县大王铺汇入四女寺减河。治理工程结束后，将四女寺减河、岔河及其汇流后的河段统称为漳卫新河。

【地形地貌】

流域西部（上游）地处太岳山东麓和太行山区，地面高程一般在海拔1000m以上，为土质丘陵区和石质山区，中间点缀着长治盆地，东部及东北部（中下游）为广阔山前洪积、坡积、冲积平原。山区、丘陵区面积25436km^2，占流域总面积的68%，平原面积

12148km^2，占流域总面积的32%。西部山区与东部平原直接相接，山前丘陵过渡区很短。地形总趋势西高东低，地面坡度山区丘陵区为0.5‰～10‰，平原为0.1‰～0.3‰。平原内微地形复杂，中游分布着大小不等的几个洼地，成为河道的蓄滞洪区，下游沿海岸带为滨海冲积三角洲平原。

【气象水文】

漳卫南运河流域地处温带半干旱、半湿润季风气候区，降水地带性差异明显，且年内、年际分配极不均匀。雨季大多从6月中、下旬开始至8月下旬结束并集中于7月下旬、8月上旬。根据海河流域水资源公报，1996—2005年，漳卫南运河流域年均地表水资源总量为42.32亿m^3，平均地下水资源量为67.50亿m^3，平均水资源量为94.04亿m^3。

【水旱灾害】

历史上，漳卫南运河洪涝灾害频发，据文献资料记载，1607—1911年的305年中，漳河发生洪水约55次，平均5～6年一次；卫河发生大洪水约106次，平均3年一次；卫运河发生大洪水约60次，平均5年一次。中华人民共和国成立后，1956年、1963年、1996年漳卫南运河发生大洪水。1961年、1964年、1977年流域内出现大范围涝灾。

商汤时期，即有“汤有七年大旱”之说（咸汤十八年至二十四年，公元前1766—前1760年）。其后，由商、周至春秋、战国和秦，史料中时有“大饥”“大旱”的记载，旱灾屡有发生，但所记情况均极简略。汉代至元代（公元前202—1368年），对旱灾的记载的史料较多，但由于漳卫南运河历史变迁等原因，难以对流域旱灾做出统计。明清时期（1368—1911年）旱灾史料记载较连续，且记述详略程度大致具备可比性。明代平均百年2.9次，清代平均百年2.6次。民国时期（1912—1949年）发生大旱灾2次，分别是1920年和1942年。

中华人民共和国成立后至1995年前，漳卫南运河流域几乎年年有旱灾，有些河道甚至出现断流。典型干旱年有1965年、1978—1982年等。1996年洪水之后至2016年，未出现较大旱灾。

【水利建设】

中华人民共和国成立后，国家对漳卫南运河先后多次进行治理。1949—1956年期间，对南运河、漳河堤防进行整修、加高、培厚，兴建了升斗铺、甲马营分洪口门工程，开辟了长虹渠、白寺坡、小滩坡、大名泛区和恩县洼滞洪区，对卫运河、四女寺减河进行复堤和河道疏浚。1957年，水利部批准《海河流域规划（草案）》，确定“上蓄、中疏、下排、适当地滞”的治水方针。1957—1963年，在漳卫河上游先后兴建了漳泽、后湾、关河、岳城等大型水库、25座中型水库和300余座小型水库，并对卫运河、四女寺减河进行了扩大治理，兴建了四女寺枢纽。1963年海河流域大水后，1964—1984年，先后兴建了恩县洼滞洪区西郑庄分洪闸和牛角峪退洪闸；再次扩大治理卫运河、四女寺减河；改扩建了四女寺枢纽；新建了卫运河祝官屯枢纽和漳卫新河七里庄、袁桥、吴桥、王营盘、前罗寨、庆云、辛集等拦河蓄水闸；对卫河干流下段（浚内沟口至徐万仓）进行扩大治理，对卫河干流上段（西孟姜女河入卫口至老观嘴）进行清淤。1987—1995年，对岳城水库主坝、大副坝、1号小副坝、2号小副坝进行加高，并增建3号小副坝。先后实施了岳城水库大坝加高。1991—1995 年，对岳城水库以下漳河进行了整治。经过治理，初步形成了由水库、河道和非工程措施组成的防洪体系，形成了“分流入海、分区防守”的格局。

1996 年 8 月，漳卫南运河发生特大洪水。“96·8”洪水之后，漳卫南运河迎来了新的治理高潮。截至 2012 年年底，漳卫南运河水系内先后分四批完成了“96·8”洪水水毁修复，对西郑庄分洪闸实施了加固工程，对漳河岳城水库以下（京广铁路—徐万仓）全长 103.3km 河道进行了整治，对漳河穿漳涵洞水毁工程和漳河西冀庄险工进行了修复、整治，实施了岳城水库除险加固大副坝涌砂处理工程、漳卫新河（四女寺—辛集）治理工程、对岳城水库进行了除险加固，对漳河重点险工进行了整治。

【社会经济】

漳卫南运河流域是我国粮棉主要产区之一，煤炭、石油资源丰富，交通便捷。流域内粮食作物以小麦、玉米为主，经济作物以棉花、花生、芝麻、绿豆为主，工业有煤炭、石油、钢铁、发电、纺织、造纸以及各类加工企业等，京沪高铁与京广、京九、京沪、石德等铁路和京福、京开、濮鹤、大广、青银等高速公路及 104、105、106、107、205、207、208 等国道、省道及县乡公路构成了四通八达的交通体系。据 2012 年统计资料，漳卫南运河流域内涉及的行政区共有 15 个地级市、67 个县（市、区），全流域总人口 3395.37 万人，地区生产总值 9369.4 亿元。

【历史文化】

漳卫南运河具有悠久的历史。漳河古称降水（绛水），亦称衡漳、衡水。战国时期成书的《禹贡》中即有关于漳河的记载。卫河原为黄河故道，因春秋属卫地而得名，汉代称白沟。历史上，卫河、卫运河、南运河是一条河，唐代称永济渠，宋代称御河，曾是京杭大运河的一部分。北魏郦道元所著《水经注》中对漳水、卫水及其支流也做了详细的记述。历史上大禹治水、西门豹治邺、曹操“遏淇水入白沟，以通粮道”、史起修建引漳十二渠、陈尧佐筑陈公堤等历史事件都发生在这里。历代水利著述中对漳卫南运河也多有记述，如《畿辅通志》中《九河故道考》、清崔述《御河水道记》《漳河水道记》、明李柳西《九河辩》、清崔乃翚《直隶五大河说》、清吴邦庆《畿辅水道管见》等阐述了河流的来历和变迁过程，明王大本《沧州导水记》、清吕游《开渠说》三篇、《漳滨筑堤论》、清李泽兰《西门渠说略》等名家著述和官吏奏疏都记述了大量历代有关水利的法律、规章、当年水害状况以及兴修河道堤防的详细情况。

漳卫南运河流域是中华民族发祥地之一。历史上，靠近漳卫南运河边的许多城镇，如魏晋南北朝时期的邺城，北宋时期的大名，明清时期的德州、临清、天津等，凭借运河水路的便利条件，逐渐发展成为重要的区域中心。流域内名胜古迹众多，旅游资源丰富。安阳市殷墟出土的甲骨文在我国古文化研究中颇有价值；汤阴县羑河畔的土城，据传是幽禁周文王的地方，是已知的我国最早的国家监狱所在地之一；淇县的战国军庠是我国第一所军事院校，相传孙膑、庞涓等就读于此；德州市的菲律宾苏禄王墓是中菲友谊的象征；沧州市的铁狮子享誉全国；“人造天河”——红旗渠坐落于河南省林县（现林州市），是水利建设史上的奇迹。

2014 年 6 月 22 日，第 38 届世界遗产委员会会议同意将中国大运河列入《世界遗产名录》。

要载·专论

务实进取　开拓创新
努力实现漳卫南局水利改革发展新突破

——在漳卫南局2017年工作会议上的讲话（摘要）

张胜红

（2017年1月23日）

同志们：

这次会议的主要任务是：深入贯彻落实党的十八大和十八届三中、四中、五中、六中全会精神，按照2017年全国水利厅局长会议、海委工作会议部署，总结我局2016年工作，分析当前水利改革发展形势，研究今后一个时期水利改革发展任务，部署2017年水利重点工作，务实进取，开拓创新，努力推进漳卫南局水利改革实现新突破。

下面，我讲四点意见。

一、和衷共济，2016年工作成绩卓著

2016年是“十三五”开局之年，也是我局各项工作创新发展的一年，我局认真贯彻落实上级治水兴水的决策部署，扎实推进各项工作开展，取得了可喜成绩。

（一）防汛保安全有力高效

汛前调整防汛组织机构，落实防汛责任制。开展汛前检查，狠抓安全生产。坚持维修养护、做好物资准备。加强应急建设，组织防汛培训。开展联合执法，及时清除行洪障碍。做好了抵御大洪水的各项准备。

面对漳卫河流域“96·8”以来的最大汛情，全局上下全力以赴，坚决执行水利部、海委决策部署，迅速反应，科学防控，及时全面研判洪水趋势，科学调度岳城水库和四女寺枢纽等关键节点，充分依托各类水利工程的防洪减灾能力，最大化发挥岳城水库的防洪蓄水效益，削减漳河洪峰94%，将5200m^3/s的洪峰削减为下游河道安全行洪流量，开展了封堵涵闸管、清树障、拆违建等专项行动，维护了良好的水事秩序和行洪安全，确保了洪水平稳下泄，成功实现了“拦洪削峰、卫河错峰、安全行洪”三大目标，完成了由被动防御向主动调控的转变，防汛工作取得了全面胜利。

（二）雨洪资源利用实绩突出

2016年汛期，漳卫河上游来水16.5亿m^3，我局把握水资源量质齐升的有利时机，在确保防洪安全的前提下，立足岳城水库蓄水条件和水资源立体调配流通条件，与地方政府和相关行业部门主动沟通，调研用水需求，协调供水关系，成功组织实施了向沧州大浪淀水源地和衡水湖生态湿地供水，洪水资源化调度取得突破，漳卫河几十年来首次实现长历时高水质良好生态状态，为城市生活大规模供水，显著改善沿河两岸农业及生态状况，河口生态环境得到提高，水资源利用手段不断丰富，实现了经济、社会、生态效益三丰

收，为我局的事业发展及时补足了后劲。截至目前，岳城水库为邯郸、安阳两市供水 2.7 亿 m^3，向沿河市县累计供水 3.2 亿 m^3，“引岳济衡”“引岳济沧”供水 6700 万 m^3 以上。

（三）事业单位发展不断深化

局党委高度重视事业单位发展问题，多次召开专题会议，深入分析影响事业单位发展和职工队伍稳定的根本原因和制约因素，明确了解放思想、有所作为、构建以绩效考核为核心的高效运行机制的工作思路。一年来，全局各级党组织强化责任担当，敢于改革创新，践行“思想观念、发展理念、干部作风”三大转变，研究制定事业单位发展路线，在原有目标管理考核办法基础上，依法依规决策，建立和完善了绩效考核、目标管理及奖惩等制度，健全了相关配套制度，充分调动了事业人员的积极性和主动性，为实现事业单位的健康良性和可持续发展打下了坚实基础。

（四）工程建设管理稳步推进

卫运河治理主体工程全部完工，并经受住了“96·8”以来的最大洪水的考验。卫河干流治理、四女寺枢纽北进洪闸除险加固、漳卫新河河口治理、漳河干流治理工程前期工作进展顺利，配合海委做好了水工程规划同意书工作。圆满完成了 2016 年全局维修养护任务，维修养护初步实现物业化、日常化。编制印发了河道工程技术管理工作标准和水利工程维修养护管理部分风险点防控责任清单。完成了划界试点工作和四女寺南闸、节制闸，辛集挡潮闸的安全鉴定。积极推进辛集闸交通桥维修加固工程建设，当年施工当年投入运行。

（五）水行政执法力度进一步加大

全年开展水行政执法巡查 1700 余次，有力维护了水事管理秩序。印发了《漳卫南局法制宣传教育第七个五年规划实施意见》，积极开展水法规宣传活动。协调处理了郑州至济南铁路跨卫河等涉河建设项目的前期工作，加强在建项目的日常监督管理。开展了河道专项清障活动，对河道设障、非法侵占等水事违法行为进行严厉打击，与地方政府联合依法惩处漳河采砂行为，加强对河口防潮堤建设等重大水事违法案件的查处力度。创新漳卫新河河口联合管理机制，积极推进两岸联合执法。

（六）水资源管理和保护成效显著

制定印发了《漳卫南局关于进一步严格水资源管理有关问题的通知》，积极探索水资源多种有偿使用机制。进一步强化计划用水管理，对计划用水执行、水量调度、取水计量等方面做出了明确要求。推进取水口和入河排污口的监督管理，提升水资源监测计量及监控管理基础能力。水资源监控能力建设和最严格水资源管理制度示范项目顺利实施。做好岳城水库水源地保护工作，加强突发水污染事件应急能力建设。编制完成了《漳卫南局水功能区管理办法（试行）》，全面强化水功能区管理。

（七）和谐单位建设进一步深化

认真学习贯彻落实习近平同志系列讲话精神，深化“两学一做”学习教育。扎实推进全面从严治党和党风廉政建设。及时准确报道抗洪供水先进事迹，内外宣传水平不断提升。完善各项信访工作机制，舆情通道进一步畅通。积极开展内控基础性评价工作，预算和资金资产监督管理进一步加强。完善安全生产责任体系，探索建立网格化管理模式。事业单位绩效工资实施、养老保险改革和干部人事制度改革稳步推进。精神文明创建再创新高，11 个单位保持“省的文明单位”称号、2 个单位荣获“省级文明单位”称号。局机关家属楼房产证等一批职工反映强烈的问题得以解决。用心做好离退休职工管理和服务工作。后勤保障、档案、工青妇等各项综合管理与服务保障工作有序开展，保持了全局安定团结的良好局面。

在总结成绩的同时，我们也应清醒地认识到存在的问题和不足：一些干部思想观念仍然落后，缺乏共产党员为人民服务的意识和献身奋斗的精神；“五大支撑系统”建设进展不一，执行力有待进一步提高，推进落实的力度还需加强；事业单位发展的机制体制还不健全，事业单位人员积极性和主动性未能得到充分发挥；各单位经济工作开展不均衡，经济创收差距较大；工程设施存在隐患，现代管理手段亟待加强。这些矛盾问题需要在以后的工作中重点研究解决。

二、统一思想，深入贯彻落实党的十八届六中全会精神

全局各级党组织和广大党员领导干部要用六中全会精神武装头脑、指导实践、推动工作，促进我局全面从严治党和各项任务落到实处，为我局水利改革发展提供强大动力。

（一）强化“四个意识”，加强思想政治建设

各级党组织要狠抓理想信念这个“压舱石”，深化“两学一做”学习教育成果，深入学习习近平总书记系列重要讲话精神，增强政治意识、大局意识、核心意识、看齐意识。漳卫南局广大干部职工要在树立“四个意识”上旗帜鲜明，在落实部、委水利改革发展部署上思想统一，行动有力。

（二）落实从严治党主体责任，全面加强作风建设

全局各级党组织要进一步强化主责意识，完善管党治党主体责任的制度措施，压紧压实各级党组织书记的第一责任人责任，全面落实“一岗双责”。要进一步落实好主体责任清单制度，对党风廉政建设责任细化到部门、分解到岗位、落实到人头。各级党组织和广大党员要全面加强作风建设，不断巩固扩大作风建设成果。

（三）严肃党内政治生活，加强党内监督工作

各级党组织要在全面落实《准则》要求的基础上，严肃开展党内政治生活，坚持民主集中制原则，严格执行“三会一课”、领导干部双重组织生活会、民主评议党员、谈话谈心等组织生活制度，确保组织生活的质量和效果。加强自上而下的组织监督、自下而上的民主监督和同级相互监督，构建起局党委全面监督、纪检监察部门专责监督、党建部门职能监督、党的基层组织日常监督、党员民主监督的党内监督体系。

三、理清思路，推进我局水利事业科学发展

党的十八大以来，党中央、国务院高度重视水利工作。《水利改革发展“十三五”规划》明确了水利发展“一条主线、四个重点领域”的总体思路，即以全面提升水安全保障能力为主线，从全面建设节水型社会、健全水利发展体制机制、完善水利基础设施网络、保护和修复水生态环境四个重点领域推进水利改革发展。为贯彻习近平总书记和李克强总理重要讲话精神，陈雷部长在 2017 年全国水利厅局长会议、任宪韶主任在 2017 年海委工作会议上，分别就水利部和海委今后一个时期的水利工作作出重大部署，提出了具体要

求。我们将按照中央和上级的总体部署，继续践行“实现三大转变，建设五大支撑系统”工作思路，着力解决漳卫南运河防洪减灾保障能力不足、水资源短缺水污染严重等突出问题，积极推进我局水利事业科学发展。

当前重点工作包括以下几个方面：

一是进一步深化水管体制改革，日常管养实现物业化和常态化，建设“防护型、生态型、景观型、效益型”绿化体系。

二是进一步加强水利工程建设步伐。在加快推进卫河、漳河干流、漳卫新河河口治理等大型基建工程建设前期工作的同时，针对2016年洪涝灾害中暴露出来的突出问题，扎实开展薄弱环节建设。

三是大力加强水生态文明建设，密切联系左右岸地方政府，强化水功能区监管，严格控制入河排污总量，合力攻坚，全面提升我局的水资源管理、水资源保护和水生态监测水平。

四是坚持依法治水，严格红线管理。认真落实《漳卫南局水利发展十三五规划》，加强水利执法检查，深入贯彻节水优先方针，严格落实最严格水资源管理制度。继续推动出台取水许可总量控制指标，加大对取水用户监督管理的力度。

五是加快构建漳卫南运河现代化管水治水体制机制。要以中央全面落实“河长制”精神为牵引，主动靠前服务，搭建互促互进交流平台，助推河系全面建立科学规范的“河长制”体系。

六是全面落实经济发展规划，做好组织发动，建立经济发展责任体系和效益驱动机制；要推动全局工作的科学化、规范化和信息化，不断提升全局综合管理能力。

七是深化事业单位绩效考核机制，放开手脚，创新发展，不断提高职工收入水平。

四、凝心聚力，扎实做好2017年工作

按照部委党组的工作部署，我局将继续坚持稳中求进工作总基调，牢固树立“创新、协调、绿色、开放、共享”的发展理念，贯彻落实中央“十六字”治水方针和部党组新的治水思路，以夯实水利基础、保障河道安全为主线，以转变水利发展方式、推动绿色发展为重点，以加快水利建设、提高防洪减灾能力为抓手，以深化水利改革、完善水利治理体系为动力，扎实做好2017年的各项工作。

（一）继续开展河系连通和水资源立体调配建设

通过立足于本河系产生的雨洪资源，同时兼顾黄河水、南水北调水等外调水的资源配置，逐步形成蓄泄得当、多源互补、保障应急、生态修复的河湖库渠水网体系。以给北京供水为契机，着力构建以岳城水库为控导的“一纵七横”水资源调配工程体系，探索建立上下游、左右岸、跨河系、符合科学规律、符合市场与社会效益的水资源立体调配工程系统、洪水资源生态调度系统。

（二）切实加强水资源管理和保护

继续加强漳卫南运河取用水管理工作，拟订所辖河段取水许可总量控制指标，加大对取水用户监督管理的力度。按照《漳卫南局水功能区管理办法（试行）》，全面规范局辖范围水功能区的管理工作，落实好各部门和各二级局、三级局责任。加强入河排污口规范设

置和管理，紧盯水功能区限制纳污“红线”，加大对水功能区、入河排污口的监管力度。加强对岳城水库水源地监督管理与保护，增强突发水污染事故应急处置能力和机制建设。研究开发漳卫南运河水资源实时监控与管理系统，提高水质监测预测信息化管理水平。推动漳卫南运河水生态监测与评估系统建设，逐步建立河系水生态监测数据库和水生态监测与评价指标体系。

（三）提升防洪保安全和水资源开发利用能力

落实完善各项防汛责任制，健全防汛应急管理机制和防汛抢险物资储备机制。全面加强防汛基础及技术工作。修订漳卫南运河洪水调度方案，完善各类防洪抢险预案及洪水调度方案。建立完善水文、水质、水量监测系统，实现水文、水资源信息共享。完善防洪工程数据库管理系统、水文数据库管理系统，建设洪水风险分析及灾情评估系统。全面加强洪水资源利用基础研究，加强洪水资源利用，推动河系水生态环境修复与保护。逐步明确河流合理流量，科学制定水资源生态调度方案，探索漳卫南运河流域洪水资源利用及生态调度常态化，充分发挥岳城水库对调节河道水量、生态的重要作用。发挥水资源的生态效益，推动流域水生态环境改善，维护漳卫南运河的健康生态。

（四）推进工程建设管理和安全生产工作

推动加快四女寺北闸、卫河干流（淇门—徐万仓）治理工程立项及实施步伐。2017年汛前完成卫运河治理工程的所有建设项目，做好卫运河治理工程整体验收准备工作。进一步提升工程管理水平，维修养护实现物业化和日常化。逐步开展重要险工段、重要堤段、重要上（过）堤路口视频系统建设，完善漳卫南运河工程管理数据库系统。积极争取资金渠道，启动15座枢纽、水闸工程的安全鉴定工作。积极开展工程管理范围和保护范围的确权划界工作。全面落实安全生产责任制，进一步完善安全生产制度保障体系。推进水利安全生产标准化工作进程。加强应急管理，继续完善应急预案体系。

（五）强化水行政管理，维护正常水事秩序

加强普法及依法治理工作，探索推进更具实效的普法工作新机制。进一步健全工作制度，规范执法行为，提高执法水平。加强水政监察队伍执法能力建设，完善执法手段，开展好水政基础设施建设相关工作。推进水行政执法办案系统应用，探索开展水行政执法责任制。继续跟踪掌握新建项目动态，配合海委开展好行政许可工作。提高精细化管理水平，进一步理顺涉河建设项目管理工作中的相关责任。做好河道禁止采砂管理工作，积极探索河系执法和地方执法的有机结合，提升执法效能。丰富涉河事务管理手段，探索河湖管护新形式，营造良好的水事管理秩序，协调及全面推行河长制工作。

（六）提升综合管理水平，深化和谐单位建设

加强党建和党风廉政建设，建立严格规范的廉政制度体系，拓宽廉政文化建设新载体、新路子。建立“两学一做”学习教育长效机制。加强领导班子和干部队伍建设，完善干部选拔任用机制，强化民主监督，提高选人用人公信度。加大干部交流力度，加强后备干部和青年干部培养工作。大力推进人才队伍建设，增强单位发展后劲。进一步深化事业单位人事制度改革，构建以绩效考核为核心的高效运行机制，完善考核和奖惩制度。加强财务管理和经济工作，加强对国有资产的运营和监督管理，加大对水利工程维修养护经费审计和基本建设审计力度，构建完善的内控制度体系，强化审计预警功能。积极开拓新的供水市场，跨河系、跨区域供水，充分利用价格杠杆的调节作用，促进水资源的合理调配，实现由供水管理向需水管理的转变。拓宽水土资源开发利用模式，发挥土地资源优势，做好水利风景区工作，培育新的经济增长点。健全完善集团公司运行机制，增强企业竞争力和活力。巩固和扩大已有文明创建成果，局机关全力争创国家级文明单位。出台加强职工健身和青年工作指导意见，大力发挥工青妇传导纽带作用，以团委工作带动推动青年工作，进一步增强全局凝聚力。

同志们！百舸争流，奋楫者先！2017 年是我们落实“十三五”发展目标的关键一年，是深化水利改革的重要一年，让我们在水利部、海委党组的坚强领导下，继续发扬“团结一心、拼搏进取、勇于担当、无私奉献”的漳卫南人精神，统筹推进 2017 年各项工作，以优异的成绩迎接党的十九大的胜利召开！

以全面推行河长制为契机 努力实现漳卫南运河管理保护新跨越

张胜红

（2017 年 3 月 22 日）

2017 年，我国纪念“世界水日”和“中国水周”活动的宣传主题为“落实绿色发展理念，全面推行河长制”。河长制，即由地方主要负责人担任“河长”，负责组织领导相应河湖的管理和保护工作。管护责任落实到领导干部人头，对加强水资源保护、水污染防治，以及水生态修复、监管执法方面，无疑会起到积极的促进作用。《关于全面推行河长制的意见》由中共中央办公厅、国务院办公厅 2016 年 12 月联合印发，充分体现了党中央、国务院对加强河湖管理和水环境水生态治理的高度重视，同时也标志着“河长制”已经走上正轨，成为地方政府必须落实的一项常规制度。

漳卫南局管辖河道长度达 814km、堤防 1536km，所辖工程涵盖水库、河道、枢纽、水闸，涉及 3 省、10 市、28 县（市），属于典型跨省河道，对其进行管理保护是一项复杂的系统工程。面对推进流域水生态文明建设、保障流域水安全的迫切要求，我们要充分认识全面推行河长制的重要性和紧迫性，要以改革创新精神，找准新的定位和担当，切实加强基础工作，重点做好以下几项工作。

一、深刻认识河长制重要意义，牢牢把握工作总体要求

江河湖泊作为水资源的载体，资源功能、生态功能和经济功能十分突出，对人类发展和经济社会建设至关重要。保护江河湖泊，事关人民群众福祉，事关中华民族长远发展。

我局管辖范围内的岳城水库饮用水水源地、省界缓冲区、南水北调东线输水保护区等，是备受关注的水污染敏感区域；流域水资源严重匮乏，人均水资源量仅 240m^3，水资源开发利用率高，供需矛盾突出；地下水超采严重，流域内邯郸、邢台、衡水和沧州均列入全国地下水超采重点治理区域，水生态环境状况不容乐观。经济社会发展和生态文明建设催生了河长制这一新的河湖管理模式，也给流域管理提出了新的挑战。

我局由海委授权在管辖范围内行使水行政主管职责，更要高度重视河长制这一新型河湖管理模式，积极转变观念，对自身的新定位、新职能做好前期准备；要树立大局意识，将思想统一到中央的部署上来，跟着国家的安排部署往前走；要树立服务意识，做好各项准备，积极参与到管辖范围内各级河长制推行进程中。

我们要深入贯彻中央的决策部署，强化生态文明理念，以全面推行河长制为契机，切实解决漳卫南运河水环境修复和保护、工程管理、水行政执法工作中的重点和难点问题，推动我局管理能力和水平再上新台阶。要牢牢把握工作总体要求，进一步加大管理力度，

密切联系上下游、左右岸地方政府，加强涉水事务的公共管理，实现水行政管理能力的协调统一；要加强监测和通报，严格控制入河排污总量，更大力度保护水资源，更大力度修复水生态，切实保障漳卫南运河防洪安全、供水安全和生态安全，为推进漳卫南运河绿色生态走廊建设奠定坚实基础。

二、全面提高河道管理水平，构建河系管护长效机制

实行河长制是贯彻绿色发展理念的重要举措。习近平总书记多次强调，绿水青山就是金山银山，要像保护眼睛一样保护生态环境。贯彻绿色发展理念，必须把河湖管理保护作为生态文明建设的重要内容，全面加强河道管理，维护河湖健康生命，确保漳卫南运河可持续发展和利用。

一是落实最严格水资源管理制度，加强水资源保护。实行水资源消耗总量和强度双控行动，严守三条红线，严格水功能区监督管理，加强对岳城水库水源地监督管理与保护。深入实施漳卫南局落实最严格水资源管理制度示范项目和水资源监控能力建设项目，全面提升漳卫南运河水资源配置、调度、监控及保护工作能力和水平。完善“一纵七横”水资源立体调配体系，加大河系水资源调配和取水许可监管力度，全面推进漳卫南运河流域节水型社会建设，促进经济发展方式和用水方式的转变。

二是提升水域岸线管理能力和水平，加大工程安全保障力度。强化漳卫南运河涉河建设项目管理、堤防工程管理与养护、水工程建设与管理等，组织开展漳卫南运河岸线利用现状调查与评估。对水资源边界不清、管理责任不明的水域岸线，开展岸线利用管理规划编制、水域岸线登记及利用管理、管理范围和保护范围划界确权工作；对已完成划界确权工作的水域岸线，提高精细化管理水平，狠抓违章建筑、河道设障、堆放垃圾和环境整治工作，保障防洪安全。

三是落实《水污染防治行动计划》，推动水污染防治。以河长制为重要平台，推进入河排污口合理布局和规范管理，综合考虑水功能区的水质现状、限排总量控制指标、保护目标等因素，合理规划入河排污口空间布局。严格入河排污口监督管理，建立入河排污口名录及监督管理档案，从严审批新建、改建、扩建入河排污口，优化入河排污口布局，实施入河排污口整治，并对排污口整治方案落实情况进行检查督促。

四是营造治水实干氛围，加强水环境治理。按照水功能区确定各类水体的水质保护目标，探索河道污染水体治理有效途径，加强漳卫南运河水环境综合整治。切实保障岳城水库饮用水水源地规范化建设，推动水源地安全保障达标建设，以水量保障、水质安全、突发性水源地污染事故预防预警为重点，采取面源污染控制、隔离防护工程、污染源综合整治工程、生态修复与保护工程等水源地保护工程措施，制定相关管理对策和制度，确保饮水安全。

五是改善水生态环境质量，加强水生态修复。大力推动漳卫南运河流域水生态文明建设，做好水土保持工作，加强洪水资源利用，推进河系生态修复和保护。全面推进河口治理规划，切实加强河口管理，继续推进卫河、漳河、漳卫新河河口治理工程。建立年度河湖健康评估通报制度，开展岳城水库、漳河等水生态监测和河流健康评估工作，积极推进建立生态保护补偿机制，充分发挥岳城水库对调节河道水量、生态的重要作用。改善堤防

生态环境，深化漳卫南运河绿色生态走廊建设，为河道水生态修复、安全供水提供基础保障。

六是推进依法管水治水，加强执法监管。严格执行水工程建设规划同意书、涉河建设项目审查、排污口设置、河道采砂许可、洪水影响评价等制度，规范涉河建设项目和活动审批。积极探索河系执法和地方执法的有机结合，推动建立河道警长制，大力开展对非法取水、非法采砂、非法侵占、非法设置浮桥、船坞码头、非法倾倒垃圾等水事案件的查办力度，依法查处水事违法违规行为，对省际边界水事矛盾和纠纷进行调处，保障漳卫南运河水安全。积极开展普法工作，广泛开展普法活动，提高沿河群众的法律意识。

三、充分发挥河长制关键作用，提升流域综合管理水平

河长制管理体系的全面推行，为加强河湖保护管理提供了有效的制度保障。水利部、环保部《贯彻落实〈关于全面推行河长制的意见〉实施方案》提出，流域管理机构要充分发挥协调、指导、监督、监测等作用，积极指导重要河湖、跨省河湖的管理保护工作。我局作为海委下属的河道管理单位，在履行好本职工作的同时，要当好“四个员”：

一是要发挥协调作用，当好“联络员”。充分发挥省界河道管理单位中间人、联系人的作用，做好与沿河各省、市间协调工作，牵头建立漳卫南运河河长联动平台，建立上下游、左右岸河长制办公室联席会议制度，建立漳卫南运河联防联治制度等长效协调机制，及时协调解决涉及省际、上下游、左右岸之间的河湖管理保护重大事宜，协调河长制背景下不同区域对水资源发展管理的不同需求。在原有基础上完善内部信息共享机制、工作沟通机制、协商机制，确保内部机制畅通。

二是要发挥指导职能，当好“参谋员”。充分发挥我局直管河道优势，为河南、河北、山东三省明确河湖分级名录提供参考意见，形成工作合力。为各级河长及河长制办公室做好加强水资源保护、水域岸线管理保护、水污染防治、水环境治理、水生态修复和涉河湖执法监管六大工作任务出谋划策，从流域的角度通盘考虑治水工作，根据治水规律治理和开发流域内的河流、河口，提高治水效率和成效。

三是要发挥监督职能，当好“监督员”。对局辖范围内水功能区、入河排污口实施监督管理，加强对岳城水库水源地监督管理与保护，坚持统筹协调、分类指导、综合管理的原则，注重水量、水质、水生态的整体性；开展河湖健康评估，开展水功能区水质监测与通报，参与水功能区划的编制，督促入河排污口设置单位开展标志牌、标准水文断面、缓冲堰板等规范化建设；积极参与河北、河南、山东三省有关漳卫南运河河长制实施情况的督导与考核。

四是要发挥监测作用，当好“裁判员”。充分发挥我局在河系水文监测中人才、技术、设备等方面的专业优势，实现水文、水资源信息共享，做到水功能区断面和入河排污口公平监测、及时通报，为沿河各省市河长制相关考核提供参考。在建站条件较好且有迫切建站需求的行政区域边界、饮用水水源地、入河湖排污口有计划地建设自动监测站，加快建成人工与自动相结合、满足河湖管理保护需要的水资源保护监测体系，为维护河湖健康生命做出贡献。

治水管水事关人民群众切身利益，事关经济社会发展大局。作为河道直管单位，我局

将在党中央的决策部署下，顺势而为，借助“东风”，找准定位，依据“八字方针”，发挥应有职能，积极争做参与者，充分发挥在河长制中的重要作用。我们要牢固树立绿色发展理念，以全面落实河长制为新起点，以维护河湖生态健康为目标，以保障河系防洪安全、供水安全、生态安全为重点，统筹河流功能管理、资源管理和生态环境治理，严格河湖岸线及水域资源开发利用管理，严格入河污染物总量控制，严格河流管理监督考核，加大河系治理与保护力度，促进河系资源可持续利用，保障经济社会可持续发展，实现漳卫南运河管理保护新跨越。我们将坚决打好治水攻坚战，让漳卫南运河更洁净、更健康，更好地发挥效益，为建设漳卫南运河绿色生态走廊发挥支撑保障作用，为海河流域乃至全国的水环境治理作出应有的贡献。

年度综述

2017年漳卫南局水利发展综述

2017年，漳卫南局在海委党组的领导下，认真贯彻落实部委党组治水新思路，主动作为，创新发展，各项工作取得了新的成绩。

一、发展思路进一步明确

漳卫南局按照中央和上级的总体部署，正确理解漳卫南局的职责和定位，进一步厘清和完善“一个中心，四个保障”的基本工作思路，即以“保持工程良性运行，充分发挥工程效益”为中心，对工程设施及时进行系统治理和除险加固，不断提高管理水平，加大执法力度，维护管理秩序，充分发挥工程的防洪减灾效益、水资源调配效益和生态效益。为保障中心任务的完成，努力做好四个方面的工作：一要着力抓好经济工作，为中心任务的完成提供必要的经济保障；二要着力抓好对外协调，以创造良好的外部环境保障；三要着力抓好内部管理，以提供坚实的体制机制保障；四要着力抓好党的建设，以营造坚强的政治保障。

二、防汛工作扎实有力

汛前调整防汛组织机构，落实局领导包河包库防汛责任制；开展汛前检查，修订完善《漳卫南局防汛应急响应工作规程》和各级防洪预案；对所辖河道现状行洪能力进行复核；组织防汛培训，开展岳城水库水文预报模拟演习；完成首台卫星便携站的建设；科学研判汛情，主动拦蓄过渡期发生的小型洪水；协助海委完成了漳卫南运河洪水风险图的编制。

三、充分发挥水资源效益

1—2月，岳城水库向沧州市、衡水市实施供水，供水工作历时38天。沧州收水1.11亿m^3，其中大浪淀及杨埕水库入库三类水4511万m^3。为衡水湖供水共计2200万m^3。6月2日至7月2日，岳城水库实施“引岳济衡”应急供水，出库水量约5874万m^3，为衡水市供水4607万m^3。

四、水利工程建设管理工作持续向好

四女寺北闸、漳河、卫河、漳卫新河河口治理等工程前期工作进展顺利；卫运河治理工程主体完工；基层供暖改造项目获水利部批复立项；岳城水库通信危塔及配套设施改造项目通过竣工验收；工程管理规范化和维修养护物业化水平不断提高，工程面貌得到改善；工程划界工作全面开展；大力推进安全生产标准化建设及达标工作，全面落实安全生产责任，强化安全隐患的整改与防控；完成第二届科技进步奖的评审工作。

五、水行政执法力度进一步加大

加强执法队伍建设，配置调查取证执法设备；严格落实水行政执法巡查制度，强化不定时巡查；积极开展河湖执法活动，切实维护良好的河湖水事秩序和河湖健康生命；持续开展依法惩处漳河非法采砂行为，加大岳城水库采煤监督管理工作力度；开展河道专项清障活动，加强河口管理，积极推进两岸联合执法；对涉河建设项目进行监督管理，督促落实涉河项目防护工程建设。

六、水资源管理工作成效显著

制定《漳卫南运河取水总量控制和计划用水管理办法（试行）》和《漳卫南局取用水监督检查制度》；完成取水口资料汇编和取水许可换发证工作；岳城水库遥测系统建设项目通过验收，水资源在线监控平台投入试运行；印发实施《漳卫南运河管理局水功能区管理办法（试行）》，完善水功能区和入河排污口监督管理工作，开展水功能区水质状况评价并定期进行通报。

七、河长制工作稳步推进

成立推进河长制工作领导小组，研究制定《漳卫南局全面推进河长制工作方案》。督促各基层单位配合河北省、山东省开展“清河行动”，切实加强涉河环境保护突出问题整治。积极开展调研，建立畅通的联系和协调机制。配合各省河长办的工作要求，及时提交材料和反馈有关意见。

八、综合管理能力进一步提高

认真学习贯彻落实党的十九大精神和习近平总书记新时代中国特色社会主义思想。扎实推进“两学一做”学习教育常态化制度化。全面从严治党和党风廉政建设扎实推进。财务管理水平进一步提高，完成了2018—2020年三年规划项目储备工作。积极推进干部人事制度改革相关工作，在所属35个三级单位组织实施职务与职级并行制度，全局共有46人完成了职级晋升。积极开展文明单位创建工作，巩固和扩大已有文明成果。

大　事　记

1月

1月9日　漳卫南局印发《漳卫南运河管理局水功能区管理办法（试行）》的通知（漳水保〔2017〕1号）。

1月19日　海委副主任王文生到东光河务局、武城河务局和四女寺枢纽工程管理局走访慰问基层职工。漳卫南局党委书记张永明，副局长张永顺陪同慰问。

漳卫南局印发《漳卫南运河管理局业务成果奖励办法（修订）》（漳建管〔2017〕7号）。

漳卫南局印发《漳卫南局关于表彰2016年度先进单位、先进集体的决定》（漳办〔2017〕1号）、《漳卫南局关于表彰2016年度工程管理先进单位和先进水管单位的决定》（漳建管〔2017〕5号），授予岳城水库管理局、水闸管理局、邢台衡水河务局、四女寺枢纽工程管理局、水文处"漳卫南局2016年度先进单位"荣誉称号；授予防汛抗旱办公室、财务处、人事处"漳卫南局2016年度先进集体"荣誉称号；授予水闸管理局、聊城河务局、沧州河务局"2016年度工程管理先进单位"荣誉称号；授予岳城水库管理局、祝官屯枢纽管理所、吴桥闸管理所、清河河务局、临清河务局、馆陶河务局、冠县河务局、夏津河务局、东光河务局、汤阴河务局"2016年度工程管理先进水管单位"荣誉称号。

1月23日　漳卫南局召开2017年工作会议。局长张胜红作工作报告，局党委书记张永明主持会议并作会议总结，局领导李瑞江、徐林波、张永顺、韩瑞光、王永军出席会议。会议通报了2016年度先进单位、先进集体，工程管理先进单位、工程管理先进水管单位。局属各单位、德州水电集团公司进行了工作交流。副巡视员李捷，副总工，局属各单位、德州水电集团公司领导班子成员、办公室主任，机关各部门、各直属事业单位副处级以上干部参加会议。

1月24日　漳卫南局党委书记张永明走访慰问漳卫南局部分离退休老干部。

1月25日　中共漳卫南局党委关于印发《关于进一步加强青年工作的意见的通知》（漳党〔2017〕5号）。

2月

2月4日　漳卫南局印发《漳卫南局关于表彰2016年度优秀机关工作人员的决定》（漳人事〔2017〕6号）、《漳卫南局关于公布直属事业单位职工2016年度考核优秀结果的通知》（漳人事〔2017〕7号）和《漳卫南局关于公布局属各单位、德州水电集团公司2016年度处级考核优秀结果的通知》（漳人事〔2017〕5号），对2016年度考核优秀人员进行表彰。

2月21—22日　漳卫南局副局长韩瑞光率调研组到岳城水库就做好水资源保护、落实好河长制工作进行调研。

2月28日　漳卫南局印发《漳卫南局关于全面加强局辖水功能区管理工作的通知》（漳水保〔2017〕2号）。

3 月

3 月 13 日　漳卫南局召开防汛物资仓库工程建设项目启动会。副局长韩瑞光出席会议并对相关工作提出指导性意见。

3 月 21 日　水利部副部长陆桂华率国家防办检查组到岳城水库检查指导防汛抗旱工作，海委主任任宪韶，漳卫南局局长张胜红、总工徐林波陪同检查。

3 月 22 日　国务院南水北调办公室主任鄂竟平到穿卫枢纽、四女寺枢纽调研南水北调东线一期工程向北延伸应急供水线路，海委副主任户作亮、漳卫南局局长张胜红、副局长李瑞江陪同调研。

漳卫南局开展纪念“世界水日”“中国水周”活动。

3 月 29 日　漳卫南局第一次团员代表大会召开，局长张胜红、党委书记张永明、副局长张永顺出席大会。大会讨论了选举办法和委员建议名单，审议通过了《漳卫南局第一次团员代表大会筹备工作报告》和《汇聚青年力量　勇担时代重任　在促进漳卫南运河水利事业发展中谱写青春新篇章》的工作报告；选举产生了中国共产主义青年团水利部海委漳卫南运河管理局第一届委员会委员。

4 月

4 月 6—10 日　水利部督查组对岳城水库安全运行管理工作进行督查。漳卫南局副局长王永军陪同督查。

4 月 11 日　海委副主任田友就落实最严格水资源管理工作赴岳城水库调研。漳卫南局总工徐林波陪同调研。

4 月 15—16 日　漳卫南局完成德州至岳城传输干线光复接设备的升级改造及业务割接。

4 月 18 日　漳卫南局召开 2017 年水政水资源工作座谈会，总结 2016 年工作，安排部署 2017 年重点工作，副局长李瑞江出席会议并讲话。

4 月 20 日　海河流域 2017 年第一次节水供水重大水利工程建设督导组对卫运河治理工程建设情况进行督导检查。

4 月 22 日　水利部水资源司副巡视员颜勇率调研组就落实最严格水资源管理示范项目进展、水资源管理和保护工作进行调研。漳卫南局局长张胜红陪同调研。

4 月 25—26 日　海委副主任徐士忠到漳卫南局调研财务管理和 2018 年预算项目储备工作。漳卫南局局长张胜红、副局长李瑞江陪同调研。

5 月

5 月 4 日　漳卫南局举办“‘机关大讲堂’暨‘五四’青年节读书交流分享会”。局领导张胜红、张永明、李瑞江、张永顺、韩瑞光出席活动并为青年职工代表赠阅经典书籍。机关各部门、各直属事业单位全体职工，局属驻德各单位青年职工代表参加活动。

5 月 4 日　漳卫南局副局长韩瑞光到四女寺枢纽工程管理局调研基础设施建设工作。

5 月 17 日　海委纪检组组长、监察局局长靳怀堵率调研组对漳卫南局落实“三转”

情况进行专项调研，漳卫南局局党委书记张永明，党委成员、副局长张永顺陪同调研。

海委副主任徐士忠率队检查漳卫南局安全生产工作，漳卫南局局党委书记张永明、副局长王永军陪同检查。

5月24日　海委副主任翟学军到祝官屯枢纽检查指导工作，漳卫南局局长张胜红、山东省水利厅副厅长曹金萍陪同检查。

5月25日　由海委防办、水文局、通信中心相关人员组成的防汛检查组对漳卫南局重点防洪工程进行防汛检查。

6月

6月2日　漳卫南局党委召开廉政约谈会，局长张胜红、局党委书记张永明分别对局属各单位、德州水电集团公司党政主要负责人和新交流、新提拔处级干部进行了集体廉政约谈，局党委委员、副局长张永顺主持会议并作总结讲话。

漳卫南局召开事业单位发展工作座谈会，重点就经济工作、事业单位发展工作进行探讨。局长张胜红、局党委书记张永明出席会议并讲话，局领导李瑞江、张永顺、王永军分别就相关工作提出具体要求。

河北省人大常委会副主任王刚率检查组对岳城水库管理局贯彻执行《防洪法》及有关法律法规等情况进行检查。漳卫南局副局长韩瑞光陪同检查。

6月14日　海委纪检组组长、监察局局长靳怀堎赴沧州河务局检查指导纪检监察工作并调研。

6月18日　河北省副省长王晓东检查岳城水库防汛工作，邯郸市委书记高宏志，河北省水利厅副厅长张铁龙，漳卫南局副局长王永军等陪同检查。

6月20—23日　漳卫南局副局长韩瑞光率队到卫河检查指导防汛工作。

6月27日至7月3日　漳卫南局副局长张永顺率卫运河河系组检查卫运河防汛工作。

6月30日　漳卫南局举办以“牢记使命、不忘初心、继续前进”为主题的党日教育活动。局领导张胜红、张永明、徐林波、张永顺、韩瑞光、王永军出席活动。

漳卫南局职工姜荣福负责编制的《水环境质量评价系统软件V1.0》《水质资料整编特征值统计软件V1.0》获得国家版权局《计算机软件著作权登记证书》。

7月

7月4—6日　漳卫南局副局长李瑞江率漳河河系组赴漳河检查防汛工作。

7月5—6日　漳卫南局党委成员、副局长张永顺带队赴淮委沂沭泗局，就推进全面从严治党和落实纪检监察“三转”工作进行调研。

7月7日　漳卫南局举办以防汛抗旱知识为主要内容的机关大讲堂，局领导张永顺、王永军出席活动。

7月11日　漳卫南局召开局机关创建全国文明单位工作推进会，局长张胜红出席会议并讲话，局党委书记张永明主持会议并作总结讲话，副局长张永顺对创建工作提出指导性意见。

7月13日　水利部对已调拨漳卫南局的便携卫星站进行了软件系统升级。

7月17—18日　水利部水规总院在山东省德州市组织召开漳卫南局基层单位供暖设施改造可行性研究报告审查会，漳卫南局副局长韩瑞光出席会议。

7月18—21日　漳卫南局局长张胜红会同海委防汛工作组对漳卫南局防汛工作再次进行全面检查。

7月22—24日　由漳卫南局副局长韩瑞光带队组成的国家防总工作组对河南省安阳、鹤壁两市防汛工作进行了检查指导。

7月25日　漳卫南局局长张胜红主持召开局长办公会，专题研究推进河长制有关工作，局领导张永明、李瑞江、徐林波、张永顺、韩瑞光、王永军出席会议。

7月26日　漳卫南局开展洪水预报调度技术实战演练，总工徐林波观摩演练。

7月27—29日　漳卫南局副局长王永军带领海河防总工作组检查指导岳城水库防汛工作。

8月

8月1—2日　漳卫南局党委书记张永明到卫运河检查指导防汛工作。副局长王永军到四女寺枢纽、刘庄闸检查汛期安全生产工作。

8月18日　漳卫南局机关团委换届工作会议召开，选举产生了新一届机关团委委员。

海委下达《准予水行政许可决定书》（海许可决〔2017〕30号），批准漳卫南局设立耿李杨、第三店专用水文站，开展跨境水量和四女寺倒虹吸工程的水文监测工作。

8月22日　由水利部规划计划司副司长乔建华带队的南水北调东线调研组到四女寺枢纽调研南水北调东线工程规划工作，漳卫南局副局长韩瑞光陪同调研。

8月31日　邯郸河务局、邢衡河务局分获河北省2016年度“省级文明单位”荣誉称号。

9月

9月1日　山东省省委常委、常务副省长、漳卫南运河省级河长李群到四女寺枢纽工程管理局调研漳卫南运河河长制工作，漳卫南局局长张胜红、副局长韩瑞光陪同调研。

9月21日　海委副主任田友到漳卫南局检查指导工作，听取了漳卫南局全面工作汇报，并进行了座谈。漳卫南局局领导张胜红、张永明、李瑞江、徐林波、张永顺、韩瑞光、王永军出席座谈。

9月22日　水利部水资源司副司长郭孟卓到四女寺枢纽调研南水北调东线一期水量调度及东线二期工程规划工作。海委副主任户作亮，漳卫南局局长张胜红、副局长韩瑞光陪同调研。

9月25—28日　岳城水库遥测系统建设项目验收会在河北邯郸召开，副局长李瑞江参加会议。岳城水库遥测系统建设项目通过验收。

9月30日　漳卫南局机关举行升国旗仪式，庆祝中华人民共和国成立68周年。局领导李瑞江、徐林波、张永顺、韩瑞光、王永军，副巡视员李捷，机关各部门、各直属事业单位全体职工参加升旗仪式。

10 月

10 月 20 日　水利部规划计划司副司长高敏凤、水规总院副院长李原园，交通运输部综合规划司副司长苏杰到四女寺枢纽、南运河开展大运河沿线水利水运专题调研。海委副主任户作亮，漳卫南局局长张胜红、副局长韩瑞光陪同调研。

10 月 26 日　重阳节之际，漳卫南局局长张胜红、党委书记张永明对局机关部分离退休老同志进行走访慰问，给他们送去了慰问品并致以节日祝福。

10 月 31 日　漳卫南局党委中心组召开专题学习会议，学习贯彻党的十九大精神，传达学习《中共德州市委关于认真学习贯彻党的十九大会议精神的通知》，结合漳卫南局实际研究部署贯彻落实工作。局长张胜红主持会议并讲话，局领导张永明、李瑞江、徐林波、张永顺、韩瑞光、王永军，副巡视员李捷及局党委中心组全体成员参加学习。

10 月 30 日至 11 月 2 日　漳卫南局在岳城水库培训基地举办 2017 年公务员能力提升培训班，局属各单位、机关各部门参照公务员制度管理人员和 2017 年新录（聘）用人员 60 余人参加培训。

10 月 31 日　漳卫南局在河北海兴召开漳卫新河河口管理联席会议，就河口管理范围内违章建筑情况、河口治理、联合执法、贯彻推行河长制等进行研讨，取得共识。局水政处、水保处，沧州河务局、水闸管理局负责人，海兴、无棣县政府及水务局负责人等参加会议。

11 月

11 月 2 日　漳卫南局召开贯彻落实河长制工作推进视频会，总结前一阶段推进河长制工作进展情况，研究部署下阶段重点工作。

11 月 10 日　海委副主任田友到四女寺枢纽工程管理局、袁桥闸管理所调研，漳卫南局党委书记张永明陪同调研。

11 月 16—17 日　漳卫南局在天津组织召开岳城水库、漳河水生态监测和健康评估暨漳卫南运河水资源承载力及生态修复研究项目验收会，副局长李瑞江出席会议。

11 月 21 日　漳卫南局举办党委中心组（扩大）学习班，深入学习贯彻党的十九大精神。局长张胜红作动员讲话，局党委书记张永明主持会议并作总结讲话。局领导李瑞江、徐林波、张永顺、王永军，副巡视员李捷参加学习。学习班集体观看了专题辅导录像，局属各单位、德州水电集团公司，建管处、水保处、直属机关党委，综合事业处分别结合工作实际，就学习贯彻党的十九大精神进行了交流发言。副总工，局属各单位、德州水电集团公司领导班子成员、主管部门负责人，机关各部门、各直属事业单位副处级以上干部参加学习。

11 月 22—23 日　漳卫南局在德州组织召开岳城水库饮用水源地达标建设方案和 2017 年重点取水口、排污口水量水质监测评价项目验收会议，副局长李瑞江出席会议。

11 月 27 日　漳卫南局局长、推进河长制工作领导小组组长张胜红主持召开会议，专题研究推进河长制有关工作。副局长、推进河长制工作领导小组副组长李瑞江、徐林波、张永顺、韩瑞光、王永军出席会议。

11 月 27 日至 12 月 1 日　漳卫南局在山东大学举办 2017 年基层党支部书记培训班。局党委书记张永明出席培训班并讲话。局直属各单位、机关各部门、德州水电集团公司 70 余名党支部书记参加培训。

12 月

12 月 14 日　漳卫南局召开干部大会，宣布部管干部任免决定：任命张永明为水利部海委漳卫南运河管理局局长，因工作调整，张胜红同志不再担任水利部海委漳卫南运河管理局党委副书记、局长职务。海委党组书记、主任王文生主持会议并讲话。

12 月 17 日　漳卫南局组织召开漳卫南运河水库水闸生态调度研究项目验收会。

漳卫南局组织召开 2017 年取水监控系统项目验收及管理座谈会，副局长李瑞江出席会议并讲话。

12 月 25—26 日　海委副主任翟学军率检查组赴岳城水库，对岳城水库大坝安全隐患排查工作进行检查，漳卫南局副局长李瑞江陪同检查。

12 月 29 日　局党委书记、局长张永明走访慰问漳卫南局部分离退休老干部。

落实最严格水资源管理制度示范项目

【基本情况】

漳卫南局落实最严格水资源管理制度示范项目（以下简称“示范项目”）包括“漳卫南局落实最严格水资源管理制度示范”和“漳卫南局国家水资源监控能力建设”两部分，总投资 2150.65 万元，于 2016 年全面启动，计划分 3 年完成。

2017 年示范项目批复投资预算 779.5 万元，其中落实最严格水资源管理制度示范预算 389.5 万元（包括漳卫南运河水库水闸生态调度研究 90 万元，岳城水库、漳河水生态监测和健康评估 86.5 万元，漳卫南运河水资源承载力及生态修复研究 100 万元，重点取水口、排污口水量水质监测评价 65 万元，岳城水库饮用水源地达标建设方案 48 万元），水资源监控能力建设预算 390 万元（包括取水监控系统建设 143 万元，岳城水库自动遥测系统建设 240 万元）。

示范项目 2017 年度工作目标包括：研究建立和完善水量统一配置和调度制度，推进水质水量联合调度和生态调度；开展生物监测和河湖健康评估，编制发布《漳河和岳城水库河湖健康评估报告》，建立年度河湖健康评估和通报制度；开展漳卫南运河水资源承载力及生态修复研究，研究生态破坏原因；制定和实施水质水量监测方案，逐步实现控制断面、省界断面、水功能区、重要取水口和排污口监测全覆盖，为落实最严格水资源管理制度提供基础支撑；编制《岳城水库饮用水源地安全保障达标建设实施方案》，推动水源地安全保障达标建设等。

【队伍建设】

2017 年 3 月 29 日，漳卫南局对局示范项目领导小组和办公室成员进行调整，漳卫南局局长张胜红任组长，漳卫南局副局长李瑞江任副组长，领导小组成员有于伟东、李学东、张启彬、杨丹山、张晓杰、刘晓光、杨丽萍、李孟东、赵厚田、何宗涛。于伟东任领导小组办公室主任，李增强、仇大鹏、田术存任领导小组办公室副主任。领导小组办公室下设综合组、水资源组、水资源保护和水文组、信息技术组。

2017 年项目实施工作中，3—11 月，示范项目领导小组先后在南京河海大学、天津、德州和河北省磁县举办了 4 期培训，培训内容包括水资源承载力和生态修复、水闸水库生态调度与水文测报新技术应用、水生态监测和健康评估、漳卫南运河水量水质监测评价、饮用水源地达标建设等，参训人员 152 人次。

【项目管理】

根据水利部的预算批复意见，2017 年项目均通过公开招标方式确定项目承担单位。招标计划签报漳卫南局落实最严格水资源管理制度领导小组批准后执行。评标专家从财政部评审专家监管系统抽取，海河流域水资源保护局和海委水政水资源处、漳卫南局监察处对专家抽取、开标、评标过程进行行政监督和行政监察，中标结果签报局落实最严格水资源制度领导小组批准后，履行技术服务合同审批程序：水资源项目办（项目管理部门）提出意见，会签财务处（合同管理部门）、监察处（合同监督部门），报漳卫南局分管局长和总工批准后，进行合同谈判和签订工作。招标工作严格遵守国家法律法规，组织工作规范严谨，行政监督和行政监察到位，招标总结上报海委。2017 年 4 月，公开招标项目合同签订工作全部完成，签订程序合规，签订内容与批复的计划和预算相符，具体如下：

2017 年 3 月 30 日，签订了岳城水库自动遥测系统建设项目合同，金额 219.766 万元；2017 年重点取水口、排污口水量水质监测评价项目合同，金额 46.5 万元。3 月 31 日，签订了岳城水库、漳河水生态监测和健康评估项目合同，金额 71.6 万元；漳卫南运河水资源承载力及生态修复研究项目合同，金额 80.5 万元；岳城水库饮用水源地达标建设方案项目合同，金额 41.6 万元；2017 年取水监控系统项目合同，金额 131.2 万元。4 月 7 日，签订了漳卫南运河水库水闸生态调度研究项目合同，金额 77 万元。

根据取水监控和岳城水库遥测项目管理需要，为保障设备安全运行，动用项目招标结余经费，购置设备易损件作为设备备件，由原中标单位按照投标报价价格采购，并于 2017 年 11 月 12 日签订了取水监控系统补充合同，金额为 11.8 万元，签订了岳城水库自动遥测系统补充合同，金额 13.2591 万元。

为完善漳卫南局水文资料，整编流域内河道干流主要控制站水文数据。2017 年 12 月 8 日，签订了漳卫南运河流域水文资料整编合同，金额为 11.3 万元，为项目招标结余经费。

【项目设计与成果应用】

1. 漳卫南运河水库、水闸生态调度

研究建立和完善水量统一配置和调度制度，建立漳卫南运河水资源配置和调度模型考虑不同流域丰枯互补因素，统筹上下游、左右岸、经济和生态的用水需求，优化配置黄河水、南水北调水和漳卫南运河本河系水资源，合理安排生活、农业、工业、生态环境用水，统筹上下游、左右岸用水需求，优化配置漳卫南运河水资源，制定和实施漳卫南运河和岳城水库水量调度方案和年度调度计划，实施水量统一调度，大力推进水质水量联合调度和生态调度。核心工作内容是：建立漳卫南运河水资源调度和配置模型，对漳卫南运河来水进行预测，进行水资源需求形势分析、用水预测以及可供水量测算，结合取水许可和总量控制管理，统筹上下游、左右岸、经济和生态的用水需求，优化配置水资源，编制《漳卫南运河水库水闸生态调度研究报告》。

2. 岳城水库、漳河水生态监测和健康评估

开展岳城水库、漳河水生态监测和健康评估工作，并对评估结果进行通报，为河道水生态修复、安全供水提供基础保障。核心工作内容是：开展河湖健康评估工作，对水文水资源、物理结构、水质、生物和社会服务功能五个准则层各指标层数据的监测、调查、评估，编制《漳河和岳城水库河湖健康评估报告》。

3. 漳卫南运河水资源承载力及生态修复研究

以水资源紧张、水污染严重和洪涝灾害为特征的水危机已成为漳卫南运河流域可持续发展的重要制约因素。开展漳卫南运河水资源承载力和生态修复研究，建立漳卫南运河水资源承载力评价体系，通过流域生态现状、水资源总量和用水状况分析研究，开展基于重要水功能区、重要河流生态流量管理目标的水资源承载能力评价，分析流域水资源承载力的主要影响因素，提出流域水资源承载能力综合评价结论和建议，研究生态破坏原因和影响因素，提出生态修复措施和方案。核心工作内容是：建立水资源承载力评价模型，开展水资源承载力评价，提出生态修复措施和方案，编制《漳卫南运河水资源承载力及生态修复研究报告》。

4. 重点取水口、排污口水量水质监测评价

制定和实施水质、水量监测方案，以实现水资源管理指标可监测、可监控、可评价、可考核为目标，推进水质、水量同步监测，实现控制断面、省界断面、水功能区，以及重要取水口和排污口水质、水量监测全覆盖，推进漳卫南运河水质、水量信息共享机制建设，为落实最严格水资源管理制度提供基础支撑。核心工作内容是：开展漳卫南运河年许可取水量不小于100万m^3的23处取水口水资源量监测，其中重要水源地岳城水库2处取水口取水量实现动态监测，王营盘、和平、前王、王信引水闸取水口取水量实现在线监测，其余16处取水口取水量实施巡测；完成年许可取水量小于100万m^3的11处取水口取水量核查；完成主要入河排污口水质、水量同步监测；完成淇门、刘庄、五陵、元村、岳城水库、南陶、四女寺、辛集等重要节点控制断面过（蓄）水量调查分析；完成汤河口、安阳河口水量监测，水质、水量定期同步监测；完成入河排污总量统计和变化趋势分析。

5. 岳城水库饮用水源地达标建设方案

以“水量保证、水质合格、监控完备、制度健全”为目标，以水量保障、水质安全、突发性水源地污染事故预防预警等为重点，提出面源污染控制、隔离防护工程、污染源综合整治工程、生态修复与保护工程等水源地保护工程措施方案，以及饮用水源地保护与管理对策、保护措施及相关制度，编制《岳城水库饮用水源地安全保障达标建设实施方案》，推动水源地安全保障达标建设。

6. 取水监控系统建设

2017年取水监控系统项目建设是海委漳卫南局国家水资源监控能力建设项目二期工程的组成部分。通过项目建设，实现建设站点的水量自动监测，提高水资源监控和管理能力，为落实最严格水资源管理制度提供管理和技术支撑。2017年取水监控系统建设项目包括3个重点引水闸和14个扬水站（15处）水量在线监测站建设，实现取水户取水量在线监测。漳卫南局集中水政水资源处、水文处、信息中心等单位的技术骨干参加项目管理，2017年12月，项目完成现场初步验收和完工验收，信息系统上线试运行，为强化水资源管理提供安全提供了有效支撑。

7. 岳城水库自动遥测系统建设

岳城水库自动遥测系统设计为自报方式，一点双发组网，主备信道运行，GPRS为主信道，北斗卫星为备用信道，包括1个中心站和37个遥测站。岳城水库遥测系统是岳城水库的“千里眼”，对于及时采集上游降雨量、来水量信息，提高洪水预报精度和预见期至关重要。岳城水库遥测站点分布于漳河上游山区，点多、分布散，施工条件艰苦，协调工作量大，实施难度极大。漳卫南局高度重视，提出了“实行进度、质量双控制，主汛期前投入运行”的要求。漳卫南局成立以岳城水库管理局、信息中心、水文处等单位和部门的技术骨干参加项目建设，实行“月计划、周调度、日检查”，2017年6月28日项目全部完工，水情信息系统上线运行，为岳城水库防汛安全提供有效保障。经历汛期试运行检验，于2017年9月25—28日通过合同验收。

【饮用水源地保护技术培训班项目】

2017年10月12—13日，由海委主办、漳卫南局承办的饮用水源地保护培训班在河北省磁县举办，饮用水源地保护培训班为水利部科技推广培训计划项目（项目编号：SF-PX-201710），这是漳卫南局连续第三年承担水利部科技推广培训计划项目。培训班邀请海河流域水资源保护局、中国科学院遥感与数字地球研究所、南开大学、南京鼎盛合力水利技术有限公司等单位的专家，就水源地达标评估和建设、水源地突发水污染应急监测与预警技术、重大污染事件的水源地水质遥感监控、预警快速处理技术与示范、持久性有机物污染物（Pops）、水质自动监测站技术及流域应用等内容进行了授课，实地参观了岳城水库水质自动监测站，并就岳城水库水源地保护工作进行了交流。此次培训课程专业权威，案例分析深刻清晰，涵盖政策、理论、实际操作等多方面内容。海委及海河流域水资源保护局、引滦局、下游局、漳河上游局、漳卫南局等单位技术人员，以及其他单位代表65人参加。

工程管理

【制度建设】

先后制定并印发《漳卫南局办公室关于印发漳卫南局水利工程建设管理廉政风险防控责任清单的通知》《漳卫南局关于印发〈漳卫南运河管理局业务成果奖励办法（修订）〉的通知》《漳卫南局水利工程基本建设项目管理办法（试行）》。

【标准化管理】

根据漳卫南局2017年工作会议精神，制定并印发《漳卫南局关于印发2017年工程管理工作要点的通知》，明确了2017年工作思路和重点工作。4—5月，针对《漳卫南局关于进一步规范堤防工程绿化工作的通知》《海委办公室转发水利部办公厅关于开展堤防工程管理和保护范围内建设项目和活动排查整治的通知》等文件的落实情况进行了专项检查，进一步规范绿化工作，加大影响工程安全的项目建设与活动的整治力度，明确各单位、个人的廉政风险防控责任。

组织开展工程管理与保护范围内影响工程安全的项目建设与活动的排查整治工作。根据水利部部署，组织各单位对可能影响防洪安全的涉河建设项目、活动进行了逐河逐段拉网式排查，编制上报了排查报告；根据检查情况开展专项整治活动，通过水法规宣传由涉事单位和个人自行清理、组织工程管理和水政执法人员集中整治、公安立案查处等手段，对排查发现的问题进行了整治，编制并上报整治情况报告。

组织相关单位完成了迎接水利部对岳城水库水利工程运行管理督查复查以及海委对临清河务局工程运行管理督查和南皮河务局工程运行管理督查复查的准备工作。根据督查复查意见，督促相关单位开展了整改工作。

组织开展工程划界工作。部署安排并指导沧州河务局、邯郸河务局划界工作。

组织完成漳卫南局河道修防工职业技能培训和海委参赛人员选拔工作。

按照漳卫南局河长制工作分工，整理提供了漳卫南局所辖工程的技术资料，参与编写《漳卫南运河山东境内问题调查报告》《漳卫南运河山东段综合整治方案》中关于所辖工程情况、划界确权情况的内容，与水保处共同编写了《漳卫南运河山东段岸线利用管理规划报告》。

12月4—15日、21日，由局建设与管理处人员和局属各河务局、管理局分管负责人共同组成考核组，对2017年工程管理重点工作完成情况、工程管理情况、安全生产工作进行了考核。为树立典型，表彰先进，经研究决定：授予水闸管理局、邢衡河务局、聊城河务局“2017年度工程管理先进单位”荣誉称号；授予岳城水库管理局、吴桥闸管理所、祝官屯枢纽管理所、清河河务局、冠县河务局、临清河务局、夏津河务局、东光河务局、南乐河务局、乐陵河务局、馆陶河务局“2017年度工程管理先进水管单位”荣誉称号。

【专项维修养护】

3月，组织完成各二级局2016年水利工程专项维修养护项目验收工作；组织开展了维修养护质量飞检与抽查工作；针对当前维修养护存在的问题以及新形势下如何深化水管体制改革、创新维修养护运作模式等，开展了调研工作。组织开展了迎接财政部对水利工程维修养护项目检查评审工作。完成了漳卫南局37个水管单位维修养护实施方案的审批工作，明确了维修养护工作任务和工作量。漳卫南运河管理局水管单位2017年水利工程专项维修养护项目统计详见表1。

表1　漳卫南运河管理局水管单位2017年水利工程专项维修养护项目统计

编号	项目名称	工程位置	主要工程量	工程投资/万元	备注
	合　计			2402.14	
一	卫河河务局			419.36	
（一）	浚县河务局			212.41	
1	卫河左堤 1+850－28+100 卫河右堤 26+843－28+143	卫河左堤 1+850－28+100 卫河右堤 26+843－28+143	清基 14552m³；堤顶整修 36381m³；堤肩整修 6064m³；公里桩 29 个	179.98	堤防整修
2	共渠左岸附属设施增设	共渠左堤 17+900－23+100	防护栏 5200m；铁艺门 2 套	32.43	附属设施增设
（二）	滑县河务局			23.04	
1	滑县堤防附属设施增设	卫河右堤 35+100－36+385、滑县大运河申遗段，堤防桩号卫河右堤 30+200－34+387	防护栏 1245m；警示牌 86 套	23.04	附属设施增设
（三）	内黄河务局			100.96	
1	卫河右堤祝庄至渡村桥堤顶整修	卫河右堤 91+700－94+600	清基 2320m³；堤顶整修 4350m³；堤肩整修 1160m³	23.38	堤顶整修
2	卫河左堤南高堤堤防整修	卫河左堤 76+920－83+550	清基 5304m³；堤顶整修 7956m³；堤肩整修 2652m³；护堤地整修 10608m³；界埂、畦田整修 5569m³	77.58	堤防整修
（四）	汤阴河务局			22	
1	卫河左堤瓦查至铁路老桥堤顶整修	卫河左堤 67+423－71+432	清基 1480m³；堤顶整修 1455m³；堤肩整修 3967m³	22	堤顶整修
（五）	清丰河务局			12.39	
1	卫河右堤滩上堤防整修	卫河右堤 119+400－120+400	清基 800m³；堤顶整修 1200m³；堤肩整修 400m³；护堤地整修 1600m³；界埂整修 840m³	12.39	堤防整修
（六）	南乐河务局			48.56	
1	卫河左堤 139+150－142+200、卫河右堤 137+550－141+010 堤防整修	卫河左堤 139+150－142+200 卫河右堤 137+550－141+010	堤坡整修 2682m³；堤肩整修 2541m³；护堤地、弃土整修 3030m³；界埂、畦田埂整修 5468m³；植树 9980 棵	48.56	堤防整修

续表

编号	项目名称	工程位置	主要工程量	工程投资/万元	备注
二	邯郸河务局			449.75	
(一)	临漳河务局			165.43	
1	漳河左堤20+950－21+750、23+550－25+750堤顶路面维修	漳河左堤，堤防桩号20+950－21+750、3+550－25+750	路面拆除10500m²，清基3300m³，二灰土16500m²，碎石基础1908m³，干砌砖1713.6m³，堤肩垫土2262.5m³	165.43	堤顶硬化路面维修
(二)	魏县河务局			107.33	
1	漳左郭枣林险工56+280－57+830堤顶路面维修	漳河左堤，堤防桩号56+280－57+830	碎石水稳层565.8m³，混凝土1032.3m³，堤肩垫土465m³	76.56	堤顶硬化路面维修
2	漳河右堤45+630－50+900堤顶包胶	漳河右堤，堤防桩号45+630－50+900	清基1581m³，土方填筑5270m³，堤肩垫土1700m³	30.77	堤顶整修
(三)	大名河务局			127.89	
1	卫河左堤174+000－177+300段堤防整修	卫河左堤，堤防桩号174+000－177+300	堤肩土方2491.2m³，堤顶土方1980m³，堤肩草皮补植20760m²，堤坡草皮补植53584m²，堤坡土方开挖9511.25m³，堤坡土方填筑13134.5m³，上堤坡道硬化干砌砖36m³	108.11	堤防整修
2	漳河右堤75+300－79+300堤顶包胶	漳河右堤，堤防桩号75+300－79+300	清基1200m³，土方填筑4000m³，堤肩垫土408m³	19.78	堤顶整修
(四)	馆陶河务局			49.1	
1	漳卫运河背河堤坡整修	漳河左堤、堤防桩号95+670－99+891，卫运河左堤、堤防桩号0+000—40+508	堤坡整修土方11800m³	49.1	堤坡整修
三	聊城河务局			128.92	
(一)	冠县河务局			75.38	
1	焦庄至东馆陶堤防整修工程	卫运河右堤3+000－6+000	堤顶养护土方3344m³、堤坡整修土方3939m³、戗台整修土方3391m³、戗台畦田埂整修土方5415m³，弃土机械削坡4639m³、弃土填坡土方4639m³、弃土畦田埂整修土方1798m³、护堤地整修土方4700m³、护堤地界埂整修1140m³、界桩加密240根	75.38	堤防整修工程

续表

编号	项目名称	工程位置	主要工程量	工程投资/万元	备注
（二）	临清河务局			53.54	
1	王集至冯圈堤防专项整修工程	卫运河右堤 38+000－41+000	堤坡整修土方 4218m^3、戗台整修土方 1323m^3、戗台畦田埂整修 4021m^3、弃土机械削坡 5047m^3、弃土填坡土方 5047m^3、弃土畦田整修 146m^3、护堤地整修土方 1437m^3、护堤地界埂整修 1616m^3、界桩 240 根	53.54	堤防整修工程
四	邢衡河务局			225.36	
（一）	临西河务局			90.31	
1	赵村至东温堤段堤防整修	卫运河左堤，堤防桩号 59＋980－63＋900	堤坡整修开挖土方 6857m^3、堤坡回填土方 11475m^3、戗台整修开挖土方 4790m^3、戗台回填土方 4549m^3、畦田埂 3520m^3、弃土整修开挖土方 7410m^3、弃土回填土方 2280m^3、护堤地平整土方 1768m^3、护堤地界埂整修土方 2027m^3	90.31	堤防整修工程
（二）	故城河务局			135.05	
1	新宅至南王庄堤段堤防整修	卫运河左堤，堤防桩号 139＋000－147＋000	堤坡整修回填 21988m^3，土方开挖 13970m^3，戗台整修回填土方 2130m^3、土方开挖 4990m^3，护堤地平整土方 9923m^3、护堤地界埂整修土方 4480m^3，畦田埂整修 3139m^3	135.05	堤防整修工程
五	德州河务局			578.27	
（一）	夏津河务局			31.29	
1	卫运河右堤渡口驿至管新庄新筑灰土界埂	自卫运河右堤 95＋709 起向上游	新筑灰土界埂 1680m^3，界桩 180 个	31.29	临背河界埂长各 3000m 新筑灰土界埂
（二）	武城河务局			172.11	
1	卫运河右堤吕洼至祝官屯新筑灰土界埂	自卫运河右堤 95＋709 起向下游	新筑灰土界埂 9240m^3，界桩 990 个	172.11	临背河界埂长各 16500m 新筑灰土界埂
（三）	德城河务局			169.57	
1	岔河左堤齐庄寺至南连接线堤顶路面维修	岔河左堤 4＋380－6＋500	拆路缘石 84.8m^3，冷再生基层（厚 20cm）11660m^2，现浇 C30 混凝土面层（厚 20cm）2120m^2，填筑土方 1060m^3	169.57	堤顶路面维修

续表

编号	项目名称	工程位置	主要工程量	工程投资/万元	备注
(四)	宁津河务局			91.8	
1	漳卫新河右堤包庄至郭洪新筑灰土界埂	自漳卫新河右堤44+344起向下游	新筑灰土界埂4928m^3，界桩528个	91.8	临背河界埂长各8800m新筑灰土界埂
(五)	乐陵河务局			56.75	
1	漳卫新河右堤武官庄至大桑树新筑灰土界埂	自漳卫新河右堤105+200起向下游	新筑灰土界埂3080m^3，界桩300个	56.75	临背河界埂长各5500m新筑灰土界埂
(六)	庆云河务局			56.75	
1	漳卫新河右堤南张庄至齐周务新筑灰土界埂	自漳卫新河右堤167+394起向上游	新筑灰土界埂3080m^3，界桩300个	56.75	临背河界埂长各5500m新筑灰土界埂
六	沧州河务局			327.42	
(一)	吴桥河务局			103.69	
1	永丰至吴桥闸堤防整修	岔河左堤，堤防桩号35+590-37+000	堤坡整修土方19023.1m^3，外购土料19023.1m^3，戗台整修土方3615m^3，畦田界埂整修1984.3m^3，上堤坡道土方114m^3，灰土基层68m^3，干砌砖硬化46m^3，百米桩14个，大型警示牌2个	103.69	堤防整修
(二)	东光河务局			36.94	
1	东光河务局畦田埂、界埂及备防石整修	漳卫新河左堤桩号62+300-65+500，75+000-77+000，83+200-85+400	畦田界埂整修11614.4m^3，备防石整修806.4m^3	36.94	畦田界埂、备防石整修
(三)	南皮河务局			28.64	
1	前王段堤防整修	漳卫新河左堤93+600-94+500	清基土方720m^3，堤顶整修土方1800m^3，堤顶整修外购土料1800m^3，堤坡整修土方2500.5m^3，戗台整修土方2070m^3，畦田界埂整修1181.6m^3，护堤地整修2160m^3，百米桩10个	28.64	堤防整修工程
(四)	盐山河务局			61.09	
1	盐山河务局堤顶硬化道路及畦田埂、界埂维修	漳卫新河左堤桩号131+900-147+216	拆除基层1700m^2，二灰土1700m^2，沥青混凝土路面2207m^2，畦田界埂整修19007.1m^3	61.09	堤顶道路、畦田界埂维修

续表

编号	项目名称	工程位置	主要工程量	工程投资/万元	备注
（五）	海兴河务局			97.06	
1	海兴河务局马庄至徐庄堤防整修	漳卫新河左堤桩号151+400-155+000	堤坡整修土方20490m³，畦田界埂整修4480m³，獾洞土方开挖2798.3m³，獾洞土方回填2798.3m³；界桩36个，百米桩36个，大型警示牌4个	97.06	堤防整修
七	岳城水库管理局			157.49	
1	岳城水库主坝坝脚路面及排水沟整修	主坝下游坝脚，桩号1+620-3+120	土方填筑600m³、三七灰土基层900m³、现浇混凝土路面1080m³、回填砂砾料870m³、干砌石翻修1485m³、浆砌石翻修1125m³	157.49	
八	四女寺枢纽工程管理局			6.77	
1	四女寺枢纽南闸护坡翻修、启闭机除锈刷漆	四女寺枢纽南闸	原护坡拆除30m³，浆砌石护坡30m³，土工布铺设75m²，碎石垫层3.75m³，护坡勾缝75m²；启闭机表面除锈刷漆468m²	6.77	
九	水闸管理局			108.81	
（一）	袁桥闸管理所			4.49	
1	袁桥闸交通桥封堵	漳卫新河，中心桩号25+526	铁艺门24.8m²，锻铁围栏21m²，铁艺门柱13.2m	4.49	
（二）	吴桥闸管理所			28.62	
1	吴桥闸砌石护坡勾缝	岔河，中心桩号37+114	护坡勾缝7058m²	28.62	
（三）	王营盘闸管理所			17.64	
1	王营盘闸前清淤	漳卫新河，中心桩号62+270	清淤土方5204m³	17.64	
（四）	罗寨闸管理所			3.49	
1	罗寨闸检修楼梯维修	漳卫新河，中心桩号95+550	钢楼梯制作安装0.78 t，金属防腐33m²，铁门2套，更换不锈钢栏杆39.6m	3.49	

续表

编号	项目名称	工程位置	主要工程量	工程投资/万元	备注
（五）	庆云河务局			3.81	
1	庆云闸检修楼梯维修	漳卫新河，中心桩号132+100	C30混凝土1.3m^3，钢楼梯制作安装1.37t，金属防腐55m^2，不锈钢扶手22.4m，铁门2套	3.81	
（六）	无棣河务局			50.76	
1	堤顶沥青道路维修	漳卫新河右堤，大堤桩号183+000－184+000	拆除沥青路面1000m^2，拆除基层500m^2，C20混凝土基层50m^3，喷沥青结合油6200m^2，修补6cm厚沥青混凝土路面1000m^2，加铺3cm厚沥青混凝土路面5200m^2	43.06	堤顶道路维修
2	辛集闸检修楼梯维修	漳卫新河，河道中心桩号165+120	C30混凝土2.6m^3，钢楼梯制作安装3.16t，金属防腐110m^2，不锈钢扶手57m，铁门2套	7.7	

【科技管理】

按照《漳卫南运河管理局科学技术进步奖评审办法》规定，3月，印发《漳卫南局关于组织申报第二届科学技术进步奖的通知》，开展第二届科学技术进步奖评选活动。经专家评审、结果公示，确定6项成果获得漳卫南运河管理局第二届科学技术进步奖，其中，一等奖1项、二等奖2项、三等奖3项，获奖名单详见表2。

表2　漳卫南运河管理局第二届科学技术进步奖获奖名单

序号	奖项	项目名称	申请单位	主要完成人
1	一等奖	漳卫南运河“三条红线”指标研究	漳卫南局落实最严格水资源管理制度领导小组办公室、水政水资源处、水资源保护处	张胜红、李瑞江、于伟东、张启彬、刘晓光、李孟东、戴永翔、吴晓楷、张淼、耿晶晶
2	二等奖	海河流域漳卫南运河河流生态调查研究报告	漳卫南局水资源保护处	刘晓光、韩朝光、姜荣福、高园园、魏荣玲、李志林、谭林山
3	二等奖	卫河共渠堤防绿化数据库应用系统	卫河河务局综合事业管理中心、工程管理科、财务科	张倩倩、王建设、杨利江、张仲收、崔永玲、李海长、刘洪亮
4	三等奖	卫河流域河湖健康评估	漳卫南局落实最严格水资源管理制度领导小组办公室、水文处	于伟东、裴杰峰、李孟东、韩朝光、吴晓楷
5	三等奖	漳卫南运河水功能区管理研究报告	漳卫南局落实最严格水资源管理制度领导小组办公室、水资源保护处	李瑞江、于伟东、刘晓光、仇大鹏、刘群
6	三等奖	漳卫南局服务器虚拟化平台建设项目	漳卫南局落实最严格水资源管理制度领导小组办公室、信息中心	于伟东、何宗涛、刘伟、吴晓楷、贾文

注　上述完成人排名按申报书完成人排序先后排名。

7 月，组织召开漳卫南局第十五届水利经济暨工程管理学术交流会，共收到交流论文 41 篇，其中 12 篇论文被评为优秀论文（详见表 3）。

表 3　　漳卫南局第十五届水利经济暨工程管理学术交流会优秀论文

序号	论 文 题 目	作 者	单 位
1	水闸闸门启闭自动控制系统改进实例	纪倩倩	庆云闸管理所
2	岳城水库大坝水平位移观测恢复与数据初步对比	蔡秀峰	岳城水库管理局
3	高效固化微生物技术对磷降解性能的研究	李志林	水文处
4	关于构建漳卫南运河供水水量水质模型的思考与分析	李志林、高翔	水文处
5	基于周期均值叠加法的漳卫南运河产汇流区降雨量预测	戴永翔	漳卫南局
6	卫河流域洪水资源利用浅析	任希梅	卫河河务局
7	关于水利工程维修养护几个问题的思考	张军	建设与管理处
8	河长制下跨省区河湖水域岸线管理与保护的探讨	郭恒茂	岳城水库管理局
9	中央气象台 24 小时降雨预报在漳河流域的检验分析	魏凌芳	水文处
10	浅论岳城水库融入雄安新区水资源配置体系的可行性	戴永翔、刘继红	漳卫南局
11	民用无人机技术在漳卫南运河流域的具体应用及前景分析	张伟华	综合事业处
12	卫河流域健康评估和生态修复对策	张淼、吕笑婧、耿晶晶	漳卫南局

8 月，汇总 2015 年 10 月 1 日以来公开发表的论文 24 篇，参加 2017 年海委优秀科技论文交流评选活动，《安全运行监测系统对岳城水库采煤区影响——水利技术标准在监测系统中的应用》（作者：何宗涛、李孟东、田术存、李玉梅）、《关于“96·8”洪水后漳河下游河道演变现状的探讨》（作者：白俊良、黄启芳）被评为优秀论文。

11 月，根据《漳卫南运河管理局业务成果奖励办法（修订）》规定，对 2016 年漳卫南局所属单位（部门）和职工取得的业务成果 72 项（其中，发表论文 57 篇，获奖交流论文 3 篇，出版专著 1 部，科技进步奖 7 项，馆陶、临清、盐山河务局、吴桥闸管理所通过海委示范单位复核）进行奖励（详见表 4）。

根据《漳卫南运河管理局技术创新及推广应用优秀成果评审办法》规定，组织开展了 2017 年度技术创新及推广应用优秀成果评审工作，评选出 2017 年技术创新及推广应用优秀成果 22 项。

表 4　　漳卫南运河管理局 2016 年度业务成果和示范单位奖励情况

序号	成果获得人	成果获得人单位（部门）	成 果 名 称	获得时间	成果类别	获奖或发表情况
一	论文					
1	于伟东	局机关	计划用水管理制度及落实保障措施探讨	2016 年	论文	《中国水利》2016 年第 17 期
2	于伟东	局机关	漳卫南局水资源监控能力建设技术方案简介	2016 年	论文	《海河水利》2016 年第 5 期

续表

序号	成果获得人	成果获得人单位（部门）	成果名称	获得时间	成果类别	获奖或发表情况
3	于伟东	局机关	漳卫南局落实最严格水资源管理制度示范实施方案简介	2016年	论文	《海河水利》2016年第5期
4	戴永翔	水政水资源处	漳卫南局水资源管理信息化建设初探	2016年	论文	《海河水利》2016年第5期
5	戴永翔	水政水资源处	谈谈漳卫南局水资源管理与发展	2016年	论文	天津水利学会2016年学术年会优秀论文
6	田伟	财务处	水利水电工程局域网系统设计	2016年	论文	《中国水能电气化》2016年第1期
7	谭林山	水资源保护处	高效固化微生物技术在南运河水环境治理中的应用	2016年	论文	《北京水务》2016年第2期
8	耿晶晶	综合事业处	漳卫南运河水利风景区建设对策浅析	2016年	论文	《海河水利》2016年第5期
9	何宗涛	综合事业处	安全运行监测系统对岳城水库采煤区影响	2016年	论文	中国水利学会学术论文交流
10	石评杨	综合事业处	于桥水库水情自动测报系统总体设计	2016年	论文	《水利水电工程设计》2016年第1期
11	王艳红	综合事业处	岳城水库供水管理中存在的问题与对策	2016年	论文	《水利经济》2016年第2期
12	王艳红	综合事业处	拦河闸工程供水管理现状及对策探讨	2016年	论文	《价值工程》2016年1月下旬刊
13	宋庆宇	后勤服务中心	对基层单位水利工程电子档案管理的思考与实践	2016年	论文	天津水利学会2016年学术年会优秀论文
14	高园园	水文处	南运河高效生物净化系统污染物降解系数研究	2016年	论文	《海河水利》2016年第5期
15	高园园	水文处	岳城水库饮用水源地保护对策分析	2016年	论文	《海河水利》2016年第5期
16	吴晓楷	水文处	安阳河口水文测站选址论证	2016年	论文	《海河水利》2016年第5期
17	吴晓楷	水文处	安阳河口水情自动测报站技术方案设计	2016年	论文	《海河水利》2016年第5期
18	阮仕斌	卫河河务局	卫河堤防工程标准化建设探讨	2016年	论文	《海河水利》2016年第6期
19	韩彦美	清丰河务局	水利工程管理存在问题分析与解决措施	2016年	论文	《工程技术》中文科技期刊数据库（引文版）2016年第3期

续表

序号	成果获得人	成果获得人单位（部门）	成 果 名 称	获得时间	成果类别	获奖或发表情况
20	吕海涛	邯郸河务局	浅谈会计电算化条件下的内部控制制度	2016年	论文	《经济》2016年第12期
21	苗艳	邯郸河务局	水利施工项目的质量管理与方法	2016年	论文	《工程技术》2016年9月第8卷
22	苗艳	邯郸河务局	漳河小流量河道演变趋势初探	2016年	论文	《建筑工程技术与设计》2016年第28期
23	刘庆斌	邯郸河务局	浅谈漳河险工防护工程管理	2016年	论文	《工程技术》中文科技期刊数据库（文摘版）2016年9月第4卷
24	李雅芳	邯郸河务局	地下滴灌在堤防树木绿化中的应用分析	2016年	论文	《工程技术》中文科技期刊数据库（文摘版）2016年9月第4卷
25	孟庆黎	邯郸河务局	水利信息化实施的难点及建议	2016年	论文	《工程技术》中文科技期刊数据库（文摘版）2016年8月第22卷
26	阎永强	邯郸河务局	中小河流治理现状和工程治理建议分析	2016年	论文	《工业A》2016年第11期
27	阎永强	邯郸河务局	水利工程测量存在问题和改进措施研究	2016年	论文	《工程技术》中文科技期刊数据库（文摘版）2016年10月第10卷
28	高雁伟	邯郸河务局	水利水电工程现场安全施工管理方法探讨	2016年	论文	《工程技术》中文科技期刊数据库（全文版）2016年第11期
29	倪文战	邯郸河务局	漳卫河“7·19”过水情况分析	2016年	论文	《工程技术》中文科技期刊数据库（文摘版）2016年10月第4卷
30	倪文战	邯郸河务局	关于最严格水资源管理制度理论体系研究	2016年	论文	《工程技术》中文科技期刊数据库（全文版）2016年第10期
31	王振华	邯郸河务局	水利工程主要结合点技术综合研究	2016年	论文	《工程技术》中文科技期刊数据库（文摘版）2016年11月第1卷
32	王振华	邯郸河务局	水利工程建筑景观化理念和因素分析	2016年	论文	《工程技术》中文科技期刊数据库（文摘版）2016年10月第10卷

续表

序号	成果获得人	成果获得人单位（部门）	成果名称	获得时间	成果类别	获奖或发表情况
33	赵克正	魏县河务局	水利水电施工管理特点及质量控制措施	2016年	论文	《建筑工程技术与设计》2016年8月下期
34	赵克正	魏县河务局	水工混凝土施工过程控制技术分析	2016年	论文	《工程技术》中文科技期刊数据库（文摘版）2016年9月第7卷
35	万青	聊城河务局	水利工程管理优化措施研究	2016年	论文	《河南水利与南水北调》2016年第8期
36	王立云	聊城河务局	水利工程维修养护的问题及对策	2016年	论文	《基层建设》2016年第22期8月（上）
37	上官慧	德州河务局	生态护岸在卫运河治理中的应用	2016年	论文	《水利规划与设计》2016年第12期
38	上官慧	德州河务局	浅谈堤顶防汛道路沥青混凝土路面的保养与修补	2016年	论文	《建筑科技与管理》2016年第1期
39	上官慧	德州河务局	漳卫南运河流域生态水利建设现状及对策	2016年	论文	《工业C》2016年第3期
40	陈俊祥	沧州河务局	浅谈如何增强沧州河务局凝聚力	2016年	论文	《办公室业务》2016年第2期
41	柴广慧	沧州河务局	试谈沧州局思想政治工作中的“恩威并施”	2016年	论文	《办公室业务》2016年第1期
42	王小川	岳城水库管理局	岳城水库大坝渗流量观测系统的监理及技术应用	2016年	论文	《工程技术》中文科技期刊数据库（文摘版）2016年10月第11卷
43	王小川	岳城水库管理局	工程CAD绘图技术的应用和发展利弊分析	2016年	论文	《中化建设科技》2016年第1期
44	王小川	岳城水库管理局	水准测量误差控制方法分析	2016年	论文	《建筑科技与管理》2016年第1期
45	邢红芳	岳城水库管理局	钢模混凝土表面质量存在的问题和预防措施分析	2016年	论文	《建筑科技与管理》2016年第4期
46	邢红芳	岳城水库管理局	水利工程防渗墙施工工艺的关键技术研究	2016年	论文	《工程技术》中文科技期刊数据库（全文版）2016年第6期

续表

序号	成果获得人	成果获得人单位（部门）	成果名称	获得时间	成果类别	获奖或发表情况
47	王丽苹	四女寺枢纽工程管理局	如何加强基层党支部建设	2016年	论文	《青年时代》2016年第4期
48	王丽苹	四女寺枢纽工程管理局	浅谈现代化管理工作中如何做好水利档案工作	2016年	论文	《知识经济》2016年第5期
49	孙磊	四女寺枢纽工程管理局	水利工程建设质量与安全监督管理体系研究	2016年	论文	《技术与市场》2016年第7期
50	王静	水闸管理局	浅谈如何做好新时期基层水利档案人员思想政治工作	2016年	论文	《办公室业务》2016年第8期（上）
51	魏玉涛	漳卫南局防汛机动抢险队	雷诺护垫在莲花庵险工整治项目中的应用	2016年	论文	《海河水利》2016年第3期
52	陈兆明	漳卫南局德州水利水电工程集团有限公司	水利水电工程施工技术的现状与改进举措	2016年	论文	《基层建设》2016年第1期
53	董炜	漳卫南局德州水利水电工程集团有限公司	水工闸门的养护和维修研究	2016年	论文	《华东科技》2016年第5期
54	李曙霞	漳卫南局德州水利水电工程集团有限公司	人力资源管理模式及其选择因素分析	2016年	论文	《城市建设理论研究》2016年第5期
55	李曙霞	漳卫南局德州水利水电工程集团有限公司	浅谈人力资源管理中的战略性激励	2016年	论文	《城市建设理论研究》2016年第5期

续表

序号	成果获得人	成果获得人单位（部门）	成果名称	获得时间	成果类别	获奖或发表情况
56	王伟	漳卫南局德州水利水电工程集团有限公司	刍议闸门与启闭机的维修养护	2016年	论文	《科技风》2016年第8期（上）
57	王小虎	漳卫南局德州水利水电工程集团有限公司	浅谈水利工程基础灌浆施工技术	2016年	论文	《工程技术》2016年第7期
58	王振锋	漳卫南局德州水利水电工程集团有限公司	浅谈河道生态护坡的几种方法	2016年	论文	《工程技术》中文科技期刊数据库（全文版）2016年第8期
59	王震	漳卫南局德州水利水电工程集团有限公司	水利工程施工中软土地基的处理方法	2016年	论文	《军民两用技术与产品》2016年第2期（下）
60	张鹏	漳卫南局德州水利水电工程集团有限公司	论水利工程维修养护存在的问题及对策	2016年	论文	《工程技术》2016年第6期
二	专著					
1	张胜红、李瑞江、于伟东	漳卫南运河管理局	漳卫南运河落实最严格水资源管理制度研究	2016年	出版著作	中国水利水电出版社，2016年12月 ISBN978－7－5170－5101－5
三	科技进步奖					
1	张宇、韩朝光、裴杰峰、刘晓光、唐曙霞、李志林、谭林山	漳卫南局水文处	高效固化微生物综合治理河道污水技术的示范与推广	2016年	科技进步奖	海委科技进步二等奖

续表

序号	成果获得人	成果获得人单位（部门）	成果名称	获得时间	成果类别	获奖或发表情况
2	张胜红、李瑞江、于伟东、张启彬、刘晓光、李孟东、戴永翔、吴晓楷、张淼、耿晶晶	漳卫南局落实最严格水资源管理制度领导小组办公室、水政水资源处、水资源保护处	漳卫南运河“三条红线”指标研究	2016年	科技进步奖	漳卫南局科技进步一等奖
3	刘晓光、韩朝光、姜荣福、高园园、魏荣玲、李志林、谭林山	漳卫南局水资源保护处	海河流域漳卫南运河河流生态调查研究报告	2016年	科技进步奖	漳卫南局科技进步二等奖
4	张倩倩、王建设、杨利江、张仲收、崔永玲、李海长、刘洪亮	卫河河务局综合事业管理中心、工程管理科、财务科	卫河共渠堤防绿化数据库应用系统	2016年	科技进步奖	漳卫南局科技进步二等奖
5	于伟东、裴杰峰、李孟东、韩朝光、吴晓楷	漳卫南局落实最严格水资源管理制度领导小组办公室，水文处	卫河流域河湖健康评估	2016年	科技进步奖	漳卫南局科技进步三等奖
6	李瑞江、于伟东、刘晓光、仇大鹏、刘群	漳卫南局落实最严格水资源管理制度领导小组办公室、水资源保护处	漳卫南运河水功能区管理研究报告	2016年	科技进步奖	漳卫南局科技进步三等奖
7	于伟东、何宗涛、刘伟、吴晓楷、贾文	漳卫南局落实最严格水资源管理制度领导小组办公室、信息中心	漳卫南局服务器虚拟化平台建设项目	2016年	科技进步奖	漳卫南局科技进步三等奖

续表

序号	成果获得人	成果获得人单位（部门）	成果名称	获得时间	成果类别	获奖或发表情况
四	海委示范单位复核					
1	吴桥闸管理所		海委示范单位	2016 年	海委示范单位复核	
2	临清河务局		海委示范单位	2016 年	海委示范单位复核	
3	盐山河务局		海委示范单位	2016 年	海委示范单位复核	
4	馆陶河务局		海委示范单位	2016 年	海委示范单位复核	

【安全生产】

1. 责任制落实

按照“党政同责、一岗双责、失职追责”的要求，层层签订安全生产责任书，强化局属各单位安全生产主体责任意识，做到主要负责人对安全生产工作亲自抓、负总责，分管安全生产负责人具体抓，各级安全生产监督管理部门认真监管，各级安全生产领导小组积极协调。制定印发《漳卫南局 2017 年安全生产工作要点》，召开漳卫南局安全生产工作会议，明确全年安全生产目标任务。

2. 标准化建设及达标工作

3 月，由副局长王永军带队在漳卫南局范围内开展安全生产标准化建设工作调研，摸清了全局安全生产标准化自建的有关情况。安全生产月期间，又对安全生产标准化建设工作评定和持续改进工作进行了再布置。馆陶河务局、夏津河务局和岳城水库管理局水利安全生产标准化评审申请表及申请材料上报水利部。

3. 专项整治和日常管理工作

根据部委要求，在漳卫南局范围内开展元旦春节期间安全生产“大检查”活动，针对办公区、家属区、集体宿舍、食堂、水利实验室、值班室、宾馆等人员密集场所及车辆、天然气管道、压力容器、物资存储仓库等重点领域和部位进行了全面、彻底、细致的安全大检查、大排查，对安全隐患和危险源进行了登记造册。2 月，印发《漳卫南局关于开展涉及危险化学品安全综合治理的通知》。5 月，全面开展涉及危险化学品摸排工作，初步建立了局水利行业涉及危险化学品清单，做好重大危险源管控和危险化学品管控及安全隐患治理。印发《漳卫南局办公室关于做好 2017 年汛期水利安全生产工作的通知》，在漳卫南局范围开展汛期水利工程安全生产检查。重点针对在建水利工程项目、水库、大坝、水闸、水文工程与水文测验和水利工程勘测设计等领域，尤其各基层一线单位、场所和设施开展检查工作。对水文处实验室、刘庄闸交通桥和辛集闸交通桥开展了安全生产检查，对局 7 号宿舍楼存在安全隐患及所采取的安全措施进行监督检查。指导协调岳城水库开展应急预案演练工作，组织开展供电切换应急演练和2号小副坝非常措施应急演练，并邀请了委系统各级安全生产工作人员莅临指导。

7月，印发《漳卫南局水利安全生产大检查实施方案》。督促各单位严格执行安全生产值班带班纪律，及时掌握安全生产动态；加大监督检查力度，组织开展水利安全生产日常检查；及时做好相关记录、总结和存档，严格按照海委要求时限完成了信息系统上报工作；各级安全生产领导小组对本单位水利工程建设与运行、消防安全、通信塔、车辆运行等方面开展检查，确保全局安全生产无事故；下发关于做好十九大期间安全生产工作的通知，加强对十九大期间安全生产工作的组织领导，周密安排部署及采取措施，把安全生产工作抓实、抓细、抓好，确保安全。

12月4—15日、21日，漳卫南局组织对局属各二级单位安全生产管理工作进行了考核，同时对局属水管单位安全生产标准化建设工作进行了抽查，对检查中发现的问题向各二级单位及水管单位进行了反馈。

4. “安全生产月”活动

6月，制定《漳卫南局2017年安全生产月宣传活动实施方案》。紧扣“全面落实企业安全生产主体责任”认真开展了第16个全国“安全生产月”宣传活动，通过设置宣传展板、张贴宣传画、播放主题宣传片和举办培训班等形式做好安全生产宣传教育工作，组织漳卫南局干部职工积极参加全国水利安全生产网络知识竞赛和《水安将军》安全生产知识趣味活动，以赛促宣，有效检验安全生产宣教成果。活动期间共举办知识竞赛7场、演讲比赛3场、安全展览4场，设立安全咨询站10家，受众近万人；安全生产教育培训班19次/512人，警示教育35期/740人；张贴、发放宣传画标语328块（张），发放宣传资料2750余份；开展应急救援演练17次，参与人数330余人；隐患排查治理次数52次，排查出隐患数13处，隐患整改率100％。

工 程 建 设

【前期工作】

1. 四女寺枢纽北进洪闸除险加固工程

2017 年 4 月，天津大学建筑设计研究院和中水北方勘测设计研究有限责任公司共同完成了《全国重点文物保护单位四女寺枢纽北进洪闸抢险加固工程勘测设计方案》的编制工作，并报送国家文物局审批。2017 年 4 月 27 日，国家文物局组织专家对方案开展咨询论证，并进行了批复。

9 月 20 日，国家发展改革委员会根据中国水利水电科学研究院出具的《〈漳卫南运河四女寺枢纽北进洪闸除险加固工程可行性研究报告〉评估意见》，对可研报告进行了批复，同意编制工程初步设计报告，四女寺枢纽北进洪闸除险加固工程完成立项。

9 月 25 日—10 月 30 日，漳卫南局对四女寺枢纽北进洪闸除险加固工程初步勘察设计项目进行了公开招标。经评审，确定中水北方勘测设计有限责任公司为中标单位。11 月，中水北方勘测设计研究有限责任公司完成了《漳卫南运河四女寺枢纽北进洪闸除险加固工程初步设计报告》编制工作，12 月 8 日，初步设计报告报送水利部审批。

2. 卫河干流（淇门—徐万仓）治理工程

卫河干流治理范围为卫河自淇共汇合口（含淇共汇合口以下淇河约 1.19km）至徐万仓处，河道长约 183km，以及淇共汇合口以下的共产主义渠 44.2km。治理内容包括：河道清淤、加高加固堤防、险工险段整治、穿堤建筑物加固、河道和坡洼控制工程。

2012 年 9 月，项目可研报告通过水规总院审查。2013 年 12 月，河北、河南、山东三省九县（市）社会稳定风险评估工作全部完成。

2014 年 12 月，卫河干流（淇门—徐万仓）河道治理工程可研报告通过国家发改委评估。

2016 年 4 月，完成河南、河北、山东三省的地质灾害评估。6 月，环保部批复卫河干流（淇门—徐万仓）治理工程环境影响报告书。12 月，完成河南省压覆矿产评估。12 月，山东省住建厅核发卫河山东段选址意见书。

2017 年 4 月，根据工程实际情况，按照海委的指示，漳卫南局会同中水北方勘测设计研究有限责任公司完成了《卫河干流（淇门—徐万仓）治理工程可行性研究报告》的优化修改工作，主要取消了河北省永久占地，减少了河南省永久占地亩数，并优化了相应工程设计。根据相关优化修改的设计，漳卫南局对占地范围内文物重新请河北省和河南省文物局进行了调查确认工作。10 月 23 日，河南省文物局出具《关于卫河干流（淇门—徐万仓）河南段治理工程的复函》；11 月 17 日，河北省文物局出具《关于同意卫河干流（淇门—徐万仓）治理工程的函》。

12 月 20 日，河北省住房与城乡建设厅在石家庄召开卫河干流（淇门—徐万仓）治理工程河北段选址意见论证会，专家听取了漳卫南局的汇报，经讨论和审议，一致同意卫河干流（淇门—徐万仓）治理工程河北段选址，建议核发选址意见书。

【在建项目】

1. 卫运河治理工程

2014 年 8 月 21 日，水利部以《关于卫运河治理工程初步设计报告的批复》（水总

〔2014〕284号）批准卫运河治理工程建设，批复工程总投资41399万元，施工总工期36个月。工程治理范围为徐万仓至四女寺，河道全长157km。治理标准为50年一遇防洪标准，设计行洪流量4000m³/s；3年一遇排涝标准，排涝流量900m³/s。

工程于2014年10月开工，根据投资计划安排，2014年完成投资8000万元，2015年完成投资13000万元，2016年度完成投资13000万元。2017年到位资金为7399万元，截至2017年年底，工程预算资金41399万元已全部到位，累计完成工程投资41299万元，工程投资完成率为99.76%。

2. 岳城水库通信危塔及配套设施改造

2015年11月，海委批复岳城水库通信危塔及配套设施改造工程项目建议书。2015年12月，海委批复《岳城水库通信危塔及配套设施改造初步设计报告》，批复工期12个月，批复工程总投资340万元。2015年12月底，岳城水库管理局成立岳城水库通信危塔及配套设施改造项目管理办公室，负责该项目的管理工作。2016年6月开工建设，2016年12月完工，累计完成投资340万元，工程于2017年5月通过竣工验收。

3. 防汛机动抢险队建设

2015年11月，水利部批复防汛机动抢险队建设的项目建议书。12月，海委批复《防汛机动抢险队初步设计报告》，批复工期13个月，批复工程总投资1414万元。主要建设内容为：购置挖掘机、装载机等防汛抢险设备设施58台（套），购置帐篷、折叠床、应急工具箱、救生衣等生活保障设施等250件（张）；建设设备存储库400m²，维修车间280.5m²，消防水池、大门、围墙、路面硬化、监控等配套设施。工程于2016年5月开工建设，2017年10月工程全部完工。2016年完成投资800万元，2017年完成投资614万元。

4. 防汛物资仓库建设

2017年1月，海委批复《漳卫南局防汛物资仓库建设初步设计报告》，批复总投资651万元，总工期2年。

漳卫南局防汛物资仓库主要建设内容分为新建卫河防汛物资仓库、视频监控系统、新购装卸设备三部分，主要包括：卫河防汛物资仓库1490m²，管理用房、柴油发电机房、消防泵房、井泵房等建筑面积146m²，共计1636m²；漳卫南局机关、岳城水库、卫河、馆陶、南皮等5处防汛物资仓库安全监控系统各1套，购置叉车10台、手动液压车15台；建设卫河、漳卫南局机关、武城局防汛物资仓库室外配套设施，包括室外供电、照明、给排水、围墙、道路等。

2017年2月，成立漳卫南局防汛物资仓库建设管理办公室，全面负责本项目建设管理工作。3月发布项目招标公告，4月完成了招标工作，5月开工建设，截至2017年年底，累计完成投资300万元。

5. 基层单位供暖设施改造工程

2017年11月21日，水利部批复漳卫南局基层单位供暖设施改造可行性研究报告；12月27日，海委批复《漳卫南局基层单位供暖设施改造初步设计报告》，批复总工期为2年，批复工程总投资825万元。本次改造按照国家对环境保护的相关要求，采用符合国家要求的清洁能源，对邢衡河务局等17个基层单位的供暖系统进行改造升级，面积共21674m²，解决了307名职工的供暖问题。

防汛抗旱

【汛前准备】

1. 组织机构调整

5月中旬，漳卫南局根据人员变动情况调整了防汛抗旱组织机构，对河系（水库）组、职能组、专家组、顾问组进行了相关调整，明确了局领导防汛包工程分工和各单位（部门）的职责。局属各单位实行领导包河、职工包堤段、包险工等责任制，层层压实责任。配合地方各级防指督促落实以地方行政首长负责为核心的各项责任制，确保防汛抗旱工作人人有责。

2. 汛前检查

2月中旬，漳卫南局向局属各单位发出了《关于做好防汛准备工作的通知》，就汛前检查、防汛责任制落实、涉河工程监管、河道清障、防洪预案编报等工作提出了具体的要求。3月中下旬，漳卫南局分县级局、市级局及局防办三层机构开展了局系统防汛检查工作，重点检查了堤防隐患、险工险段、穿堤建筑物、阻水障碍、常备物料、通信设备等，针对检查中发现的问题明确整改责任人、整改措施和整改时限，跟踪抓好整改落实，消除防汛隐患。各二级局及时向有关县、市防指报送了汛前检查报告，漳卫南局向冀鲁豫三省防指报送了《防汛存在问题的函》。

3. 防汛抗旱工作视频会

6月13日，漳卫南局组织召开2017年局系统防汛抗旱工作视频会议，贯彻落实国家防总和海河防总防汛抗旱工作视频会议精神。会议总结了2016年防汛抗旱工作胜利的关键因素，分析了2017年防汛抗旱工作面临的严峻形势，指出了当前工作中存在的问题，对全局下一步的防汛抗旱工作进行了安排部署。会后，局属各单位相继召开本单位防汛抗旱工作会，对各自防汛任务进行了重点安排。

4. 防洪预案完善

局属各单位及时修订完善所辖工程的防洪预案、抢险预案、应急响应机制，进一步明确了防洪抢险的措施和防汛应急响应流程，同时强化对各种预案的学习。切实加强了防汛制度体系建设、修订，遵守和严格执行防汛责任追究、安全生产、值班（带班）等一系列规章制度。

5. 度汛应急及雨修复工程管理工作

4月，漳卫南局筛选上报当年度汛应急项目。5月实施方案通过了海委的审查，本年度度汛应急项目包括漳河右堤防汛抢险道路应急改造、漳河曹村险工4号坝头维修加固两个工程，批复经费263.87万元。该项目于2017年5月26日正式开工，7月19日完工。

10月，局防办联合财务处完成了雨毁工程修复项目申报工作。上级批复2017年漳卫南局雨毁修复项目总经费157万元，涉及德州、邯郸、邢衡、水闸、沧州局五个二级局。截至12月底，除水闸局因天气原因无法施工外，其余所有项目已全部完成。

通过项目的实施，完成了河道防护工程以及水毁工程的修复和加固，消除险工和薄弱堤段安全隐患，在改善了工程面貌的同时为提高工程管理水平创造了条件。工程抗洪能力的提高可以有效保护堤外人民群众生命安全，为经济社会发展提供有效保障。

6. 防汛培训

汛前组织防汛抢险人员进行实战演练，以提高职工应对大洪水的实战经验和水平；组织举办局系统防汛技术培训并派人参加了海委防汛机动抢险队和海委防举办的两次培训班。2017 年，局系统各单位共开展 16 次培训演练，累计培训 796 人次。如卫河、岳城局举办防汛抢险技术培训班，抢险队进行防汛抢险演习，聊城、邢衡结合地方进行防汛强项应急演练等。

7. 物资准备

汛前，检查各单位的防汛物资储备情况，严格防汛物资使用规程，做好防汛物资使用前的调试准备工作。督促堤防码放整理防汛备料石；整修防汛仓库，完善仓库的防火、防尘、防潮、防盗措施；重新清点防汛物资，做到账物相符；明确防汛物料运输路线，使物料存放情况更加清晰，物料调取更加方便快捷，为抗洪抢险工作做好了充足的准备。

8. 基础技术工作

根据 2016 年“7・19”暴雨洪水实际汛情和防汛调度指挥工作经验，漳卫南局对 2014 年印发的《漳卫南局防汛应急响应工作规程》进行了修订完善，调整了部分应急响应的启动条件，新增了主汛期防汛预会商内容，使其更具可行性。

委托中水北方勘测设计研究院对河道的现状行洪能力进行全面分析、计算，确定各河段重要断面水位、流量的特征值，以作为防洪预案编制和防洪调度的参考资料。

完成了“96・8”洪水资料整编，资料分为文字描述和图册两部分。印刷并分发局各单位、部门，作为珍贵历史资料对今后河系发生大洪水时的提供经验参考。

配合海委完成了漳卫河流域洪水风险图的编制。本次风险图涉及漳卫河全流域，编制完成后将对今后发生不同频率设计洪水情况下的风险分析以及抗洪抢险提供科学指导和量化参考。

完成了“漳卫南运河防汛地图信息管理平台”系统开发，该系统实现了不同比例尺地图的整体管理，具备各类河道工程地图要素的编辑功能，实现了地图打印输出模板化。

配合完成岳城水库以上漳河流域遥测系统，该系统可为岳城水库水雨情预报测报和防洪调度提供及时、可靠的决策支持。

配合海委开展了防指二期的建设工作。

【汛期应对】

主汛期初（7 月 1 日 8 时），岳城水库水位 135.72m，蓄水量 2.42 亿 m^3。因库水位较高，已超过汛限水位 134m，按照海委调度意见，7 月 4 日 8 时，岳城水库向漳河泄水，下泄流量保持 $12m^3/s$，至 8 月 7 日关闸。总计泄水约 3500 万 m^3。汛期四女寺枢纽未向下游河道泄水。

7 月下旬，漳河、卫河经历两次降雨过程，尤其是 7 月 26—30 日的降雨过程，降雨覆盖范围广，持续时间长，清漳河来水较多，浊漳河三大水库也进行了不同程度的泄流，观台 7 月 28 日 9 时流量激增，7 月 30 日 20 时出现洪峰流量 $297m^3/s$。

按照海委要求，漳卫南局及时派出工作组，督促局属各单位及地方防指做好大洪水的防御工作。受海河防总办委托，7 月 22 日，副局长韩瑞光率国家防总工作组赶赴河南安阳、鹤壁等地检查指导工作。7 月 27 日，副局长王永军率海河防总工作组赶赴岳城水库指导防范强降雨工作。8 月 26 日，总工徐林波率海河防总工作组赶赴岳城水库指导工作。各工作组均圆满完成了相关任务。

【雨洪资源利用】

1. “引岳济衡”“引岳济沧”供水

2016 年 7 月以来，漳卫河上游来水较多，岳城水库蓄水充裕。漳卫南局积极联系地方用水需求，发现衡水、沧州两市的城市、农业、生态用水缺口较大，且难以从当地河系中进行补水。鉴于衡水、沧州位于河北省东部，是京津冀协同发展“多节点”中的重要节点城市，同时也属于全国地下水超采最严重的地区，水资源短缺形势一直是制约两地经济社会发展的突出问题。2016 年 12 月 13 日，漳卫南局经与衡水、沧州两市协商，计划从岳城水库通过卫运河和平闸经卫千干渠线路为衡水湖补水，通过四女寺节制闸经南运河为沧州大浪淀水库、杨埕水库补水，并且适时开展为沿河景县，沧州沿线提供农业用水的方案。

此次供水工作是岳城水库冬季为衡水、沧州实施远距离城市、生态和农业供水，水质要求高，排水、取水、冰冻等不利因素众多，尤其供水之初，卫河基流较大、水质较差，保障供水水质成为本次应急供水的最大挑战。漳卫南局集聚全局力量，成立了局系统供水领导小组及办公室，有关单位（部门）在补水时间、路线、计量、监测、应急、保障等方面统一协调部署，密切配合。领导小组制定了《应急调水取水口监管及信息通报方案》，建立了取水量信息动态监测和通报机制。先后召开了 4 次局系统供水工作会议，组织了 10 余次领导小组办公室会商，4 次对岳城水库出库流量进行调整，8 次发出闸门调度单，合理计算卫运河、南运河槽蓄，努力做到水质水量联合调度，促进供水效益的最大化。沿线各二级局也进行了各类巡查，据统计，供水期间，各有关单位共开展各类巡查 300 余次，有力保证了供水工作的顺利实施。

此次供水自 2016 年 12 月 29 日 10 时起，至 2017 年 2 月 4 日结束，历时 38 天。期间岳城水库最大泄流量达 $180m^3/s$，出库水量累计 1.46 亿 m^3。衡水市通过和平闸非农业引水 2242 万 m^3，沧州市通过南运河第三店非农业引水 4500 万 m^3，同时为景县农业供水约 1000 万 m^3，为沧州市后续供水 4800 万 m^3。

此次供水工作不仅满足了衡水、沧州两市用水需求，缓解了水资源紧张的局势，同时也实现了漳卫南局雨洪资源利用的新突破。

2. 引岳济衡

2017 年 5 月 22 日，衡水市水务局向漳卫南局发函《衡水市水务局关于申请从岳城水库引水的函》，计划引水 4000 万 m^3。由于卫河基流较大，水质较差，本次引水线路由岳城水库出库，利用民有渠、东风渠、老沙河、清凉江、卫千干渠进入衡水市。漳卫南局积极组织制定了 2017 年“引岳济衡”应急供水调度方案，经海委批复后立即组织实施。供水自 2017 年 6 月 2 日起，至 2017 年 7 月 2 日结束，历时 31 天。邯郸市水利局利用其东部水网提前向衡水市供水，经协商，前期供水量计入本次供水，后期岳城水库向邯郸东部水网补水作为补充。期间岳城水库最大泄流量 $34m^3/s$，出库水量累计 5874 亿 m^3，为衡水市供水 4607 万 m^3。

3. 引黄应急输水

2017 年 4 月 14—28 日，经位山线路实施“引黄济冀”抗旱输水，历时 15 天，穿卫枢纽过水总量 5347 万 m^3。

水政水资源管理

【水法规宣传与普法】

在第二十五届“世界水日”、第三十届“中国水周”之际，围绕“落实绿色发展理念，全面推行河长制”的宣传主题，组织干部和职工学习了水利部部长陈雷、海委主任任宪韶、漳卫南局局长张胜红纪念“世界水日”“中国水周”的署名文章，在机关张贴了“世界水日”“中国水周”主题宣传画和“图说河长制”挂图，并向职工发放了《水法律法规》和《节水知识宣传手册》，组织职工观看“世界水日”公益广告及宣传片，组织职工参加了2017年“世界水日”“中国水周”网络答题活动。活动期间，全局共设立宣传站、咨询站（台）21个，出动宣传车辆30余次，悬挂横幅标语44条，发放宣传材料3万余份，张贴标语、宣传画500余条（张），制作永久性宣传牌、警示牌、宣传牌14个，宣传专栏7个，借助广播、电视、网络、腾讯QQ、微信公众号等媒介，丰富宣传内容，在漳卫南运河网及时报道宣传活动开展情况，地方电视台、报社对部分单位的宣传活动进行了采访报道。

2017年“12·4”国家宪法日期间，组织干部、职工学习党的十九大精神，学习习近平总书记依法治国重要讲话精神，学习《宪法》《水法》等法律法规，组织参加海委2017年“学习贯彻党的十九大精神，维护宪法权威”知识答题活动，宣传形式包括集中学习宪法、制作宣传栏、出动宣传车、悬挂横幅、散发宣传材料张贴标语等，全局设置宣传台4个，悬挂横幅10条，张贴宣传标语80余条，编印宣传材料4000余份。

根据部委“七五”普法规划的部署，结合漳卫南局实际情况，制订2017年度普法计划，认真开展相关工作，按照《漳卫南局法制宣传教育第七个五年规划实施意见》要求，开展一系列法制宣传教育工作。结合执法巡查及专项检查等工作，对局属各单位普法工作开展情况进行督查。

【水政监察队伍建设】

1. 水政监察人员管理

对各级水政监察队伍情况进行了全面梳理，为近两年新任水政监察人员37人办理了水政监察证件，并督促、指导局属各单位水政监察人员参加山东省、河北省、河南省水行政执法考试与执法证件办理。

2. 水政监察人员培训

11月22—24日，局总队在邯郸举办2017年水行政执法培训班。针对漳卫南局水政执法工作重点与实际，聘请专家就河长制与水行政执法、水行政执法依据及其对执法主体与执法行为方式的影响、涉河事务管理以及水行政执法文书等进行了讲解。2017年，全局以聘请专家授课、集中座谈、模拟办案、案例分析等形式，结合本单位工作实际和执法重点，共举办水行政执法培训班12期，参训学员达360余人次，培训内容涉及水行政执法程序、执法文书、河长制与水行政执法、水利部执法统计直报系统填报等。

3. 水政监察队伍考核

12月7—14日，开展2017年度水政监察工作考核。按照海委2017年度水政监察工作考核要求，对局属各水政监察支队本年度水法规宣传、水行政执法、队伍建设和执法保障工作开展情况进行考核，并对各支队推荐的优秀水政监察大队进行复核。11月28日至

12 月 6 日，各支队分别组织了对所属水政监察大队的考核工作。根据考核结果，局总队推荐、委总队复核，卫河支队、沧州支队为 2017 年优秀水政监察支队，大名大队、临清大队、临西大队、夏津大队和无棣大队 5 支水政监察队伍为 2017 年度优秀水政监察大队。

4. 执法能力建设

本年度投资 70.22 万元，为局总队、邯郸支队、沧州支队、水闸支队及所属大队共 9 支水政监察队伍配置调查取证执法设备。

【水行政执法与监督管理】

1. 执法巡查

坚持把水行政执法巡查作为一项重要制度，通过执法巡查及时发现和处置各类水事案件。各基层单位结合工程养护，严格落实水行政执法巡查制度，对特殊时段、重点违法行为、在建涉河建设项目，强化不定时的巡查。各级执法巡查做到了有措施、有落实、有记录，对每次巡查情况、发现问题、处理案件结果进行专门记录，归入执法档案。各三级局每周不低于一次，二级局每月至少一次，局总队不定期进行检查。2017 年，全局各级队伍累计出动执法人员 6275 人次，车辆 1784 车次，巡查堤防长度 54932.91km；出动执法船只 14 次，巡查水域 372.6km^2，有力维护了漳卫南局的运河水事管理秩序。

2. 组织开展河湖专项执法检查

2017 年，积极开展河湖专项执法活动，4 月 18 日专门召开座谈会，分管局领导、机关有关部门、局属各单位和部分基层单位代表参加会议。会上学习了海委河湖专项执法活动的有关文件，讨论《2017 年漳卫南局河湖执法检查活动方案》（初稿），确定河湖专项执法工作重点，具体部署漳卫南局河湖专项执法工作，局属各单位还分析了管辖范围内存在的问题及应对措施。

6 月，组织局属各河务局、管理局对河道管理情况进行检查，针对检查发现的问题，分类汇总，研究对策措施，限期整改，并向海委提交了《漳卫南局关于 2017 年河道管理专项执法检查自查情况的报告》（漳政资〔2017〕8 号）。9 月，局总队对局属各河务局、管理局河湖专项执法检查活动情况进行了抽查。

3. 查处水事案件

2017 年，漳卫南局共现场处理案件 42 起，立案 8 起（卫河局 1 起、邯郸局 2 起、邢衡局 3 起、德州局 2 起），其中，河湖案 4 起，水工程案 4 起，已结案 3 起。

【涉河建设项目管理】

2017 年，协调处理了新增省道 S224 汤浚界至西宋庄西段改建工程跨卫河、新增省道 304 濮鹤线内浚界至杨小屯段改建工程跨卫河及共产主义渠、南乐县梁村乡卫河学生渡口改桥工程、德州实华化工有限公司蒸汽管道跨越岔河工程、国道 G107 马头南至冀豫阶段改建工程跨越漳河特大桥工程、鄂尔多斯—安平—沧州输气管道工程一期穿越漳河及卫河工程六项涉河建设项目行政许可前期工作。对 S222 卫河、共渠大桥，内蒙古扎鲁特—山东青州±800kV 特高压直流工程山东省境内沿线段跨漳卫新河、李家岸引黄漳卫新河倒虹吸工程、内黄县 2014 年小型农田水利项目引洹穿卫工程等十余项在建建设项目进行监督管理，督促落实涉河项目防护工程建设。

【漳河河道采砂管理】

3 月 22 日，邯郸局组织 27 名水政执法人员，联合邯郸市公安局及磁县人民政府 240 余人，出动大型挖掘机 2 台、铲车 2 台、气割机 2 组，对违规企业进行强制清除，清理非法砂石加工企业 7 家，拆除变电机房 7 处，拆除非法经营违章建房 70 余间，切割、拆除筛选和传送装置 8 套。6—7 月，临漳县政府组织召开由临漳河务局、水利局、公安局、工商局及沿河各乡镇等有关部门主要负责人参加的“漳河禁采专项整治活动会”，成立了以县长为组长的“临漳县漳河全面禁采联合执法行动领导小组”，制定《关于开展漳河全面禁止采砂联合执法行动实施方案》，组织开展了大规模的打击非法采砂专项活动。6 月 28 日，经邯郸局、河北漳河经济开发区管委会、河南省安阳市殷都区人民政府三方会议研究，联合下发《关于进一步整治非法采砂行为的通告》，对管辖区域漳河河道采砂、取土等违法行为进行集中整治。7 月 12 日，邯郸局与临漳县人民政府现场组织打击临漳县境内漳河非法采砂行动，共出动车辆 20 余辆，铲车 2 辆，切割机 2 台，运输车 1 辆，取缔违法采砂场 8 处，拆除采砂场违章建筑 5 处，拆除大型采砂加工设备 1 处。10 月 20 日，邯郸河务局与河南省安阳市殷都区人民政府、河北省磁县人民政府、河北漳河经济开发区管委会联合开展打击漳河违法采砂联合执法行动，出动行政执法车辆 10 余辆，其他车辆 40 余辆，160 余人参加行动，取缔违法采砂场 6 处，暂扣大型挖掘机 3 台，有效打击和震慑了上游无堤段漳河非法采砂行为。

【违章建筑及阻水障碍】

2017 年 6 月中旬开始，大名局联合地方有关部门组建了拆迁工作领导小组，进行了细致的调查走访和摸排统计，并做了大量的水法规宣传活动和向沿河百姓解释说服工作。共拆除大街镇、金滩镇及万堤镇堤防违建 139 户，建筑面积 8930m^2，赵站集贸市场 217 户，建筑面积 27380.37m^2，累计清除堤防违建 3.6 万 m^2；汛前，大名局、临西局分别联合当地县防指，组织沿河各乡镇清理河道树障 4 万棵和 2.26 万棵，保证了安全度汛；汛前，临清、冠县河务局分别向两县市防指做了专题报告，同时结合河长制工作积极开展河道树障的调查摸底工作，7 月上旬完成摸底工作并上报，清除所辖河道内列入“清河行动”的各类阻水障碍和违章建筑共计 195 处，拆除浮桥 4 座，拆除房屋 5 座，养殖场 1 座，清除树障 2000m^2；德州局安排专人对违章种植进行清理，历时两个月，共清理违章种植农作物面积 10 公顷，树障 41.87 公顷；4 月，南皮局水政执法人员巡查中发现，前罗寨村村民在河道内新植大量违章树障，经多次沟通，成功清除漳卫新河前罗寨村河道树障 8 万 m^2，共计 6700 余棵。

【漳卫新河河口管理】

漳卫南局组织协调开展河口管理和执法，积极推进两岸联合执法，加大巡查力度，并利用河口视频监控系统对重点部位进行监视，发现问题及时进行处理。

沧州局与水闸局按照《关于全面加强河口管理工作的意见》文件要求，继续加强漳卫新河河口管理。6 月，经海兴局沟通协调，由海兴县政府牵头，成立了集中整治河口违法活动行动指挥部，建立了政府主导、部门联合、各负其责、齐抓共管的工作机制，成立了由环保、公安、武警、边防、交通、工商、电力、河务等 11 部门组成的联合执法队，发布《海兴县人民政府关于依法取缔漳卫新河沿岸非法砂石场的通告》和《漳卫新河清障方案》，明确了河口砂场、码头清除要求和时间。此次联合执法共出动300余人次、30余辆执法车辆、8辆清障机械，清除砂石料2000余立方米、拆除22处非法砂场的地磅设施和房屋，违章临建1000余平方米。9月，无棣局与无棣县公安、武警、边防、交通、安监、海事、渔政等部门组成联合执法队，以推进河长制为契机，依法对漳卫新河埕口镇孟家庄村段6处砂场进行了清理整治。活动前，无棣局向无棣县政府提交了《关于清除河道、滩地内行洪障碍的报告》，并向砂场下达了相关法律文书，经多次沟通无效后，无棣局联合地方政府采取强制拆除。此次行动共拆除违章临建6处、地磅6台，清理建筑砂石料8000m^3。10月，由沧州局主持，联合水闸局召开了漳卫新河河口管理第二次联席会议，会议邀请相关两岸县领导、河口各乡镇负责人参加，围绕河口管理、落实推进河长制中存在的问题积极探讨，提出了建设性、指导性建议，参会各方对打击漳卫新河河口违法行为达成共识。11月，无棣局与滨州市河长办、沿河乡镇政府密切配合，开展了“清河行动”，对无棣局所辖大堤堤顶临河侧违章建筑进行了依法拆除，拆除活动自11月17日开始至当月月底结束，共拆除堤顶临河面违章建筑85户，拆除面积约9000m^2。

【岳城水库周边采煤监管】

继续加强对岳城水库库区及周边地区采煤的监督管理，督促相关煤矿企业采取各种技术、管理措施，严格按照上级批复的范围、方式生产；开展了汛前有关煤矿的监督检查，加强采煤安全影响监测系统运行。重点监督检查违反岳城水库采煤禁采区、限采区有关规定的采煤作业活动。

【水资源管理工作】

1. 落实取水许可制度，加强监督管理

2016年年底下发通知，督促取水户报送年度取水总结和下一年度取水计划。2017年年初，在取水户上报取水计划基础上，根据来水预测，完成2017年度取水计划审核工作。9月，向海委报送《漳卫南局关于上报取水口前一阶段用水情况及下一阶段用水计划的报告》（漳政资〔2017〕11号）。

2. 召开水政水资源管理座谈会

4月，组织召开水政水资源管理座谈会，总结了2016年水政水资源工作，安排部署2017年水政水资源重点工作，提出要逐步建立水资源有偿使用机制，确保河道内水资源合理配置，加强计划用水管理和总量控制。

3. 举办水资源管理培训班

6月中旬，在衡水市举办水资源管理培训班，内容紧密结合漳卫南局当前水资源管理工作重点与实际，针对性非常强，40余人参加了培训。

4. 做好“引岳济衡”应急供水工作

自2016年“7·19”洪水以来，岳城水库蓄水较丰，为发挥水资源经济效益，6月上旬至7月上旬，在不影响向邯郸、安阳两市正常供水的前提下，组织实施了利用岳城水库主汛前多余水量为衡水市应急供水4607万m^3，并按照《海委关于进一步加强直管工程水资源调度管理工作的通知》文件精神，上报了应急供水、调度方案等有关情况和总结。

5. 水资源管理制度建设

为落实最严格水资源管理制度，加强取水总量控制与计划用水管理，制定了《漳卫南运河取水总量控制和计划用水管理办法（试行）》和《漳卫南局取用水监督检查制度》，进一步完善了漳卫南局水资源管理制度，夯实基础，规范管理。

6. 完成管辖范围内取水口资料汇编

取水口管理是贯彻落实取水许可制度的一项重要基础工作，为掌握第一手资料，2016年，漳卫南局对管辖范围内取水口进行了全面调查，2017年又对部分取水口进行了核实，11月完成了成果汇总、编印工作。

7. 取水许可换发证工作

漳卫南局管辖范围内118套取水许可证2017年11月30日到期，及时将文件分发相关单位，并以《漳卫南局关于加强取水许可证有效期延续工作的通知》（漳政资〔2017〕10号）进一步提出了具体要求和安排。

8. 水资源基础技术工作

2017年划拨20万元，对四女寺枢纽工程闸上蓄水曲线进行复核，对漳河、卫运河水资源调查及重要取水口取水量校核监测。2017年，共编制水资源基础月报12期，并及时上网公布。配合海委开展水资源管理项目研究、提供技术资料、水资源管理年报编制等工作。

水文工作

【雨情水情】

1. 雨情

汛期（6月1日至9月30日），漳卫南运河流域面平均降雨量为454.2mm，其中：6月101.1mm，7月185.7mm，8月143.6mm，9月23.8mm。

2. 水情

汛期，漳河流域7月28日至8月8日出现一次洪水过程。漳河观台水文站最大流量出现在7月30日20时，为297m^3/s；卫河元村水文站最大流量出现在7月30日6时，为61.0m^3/s；卫运河临清水文站最大流量出现在7月6日8时，为41.3m^3/s。

汛期，岳城水库弃水3640万m^3，最高水位出现在9月9日8时，为141.70m，最低水位出现在7月27日8时，为135.40m。

2017年1月1日至12月31日，岳城水库年最高水位出现于1月1日8时，为146.35m，相应蓄水量5.86亿m^3；年最低水位出现于7月27日8时，为135.40m，相应蓄水量2.33亿m^3。

【汛前准备】

按照上级汛前检查的有关要求，3—5月，漳卫南局直属水文测站开展了水文安全生产汛前自查，对安全生产责任制的落实、测洪方案的建立、水文测报设施设备和安全生产运行等情况进行了全面检查；漳卫南局水文处对测站自查情况进行了重点抽查。同时，对漳卫南局实时水雨情数据库进行备份，对各项水文应用系统进行检查和维护。开发漳卫南水雨情信息网、漳卫南运河水情信息移动查询系统，可随时随地查询雨水情信息和气象信息。升级改造漳卫南运河预报系统，增加新安江模型和河北雨洪模型计算模块，有效提升了水文预报精度和工作效率。

【制度建设】

2月，制定印发了《水文处职工带薪年休假请休假办法》，规范了职工的请假流程，维护了职工的休息休假权利。

7月，编制印发了《水文处危险化学品安全综合治理实施方案》，进一步完善了危险化学品安全监管机制。

8月，按照《海委水文局关于修订〈国家基本水文站测报方案〉的通知》（水文〔2017〕18号）要求，印发了《关于试行岳城水库等水文站测报方案的通知》，规范了岳城水库、穿卫枢纽和辛集3处国家基本水文站的测洪及报汛制度。

【站网管理】

6月，水文处完成耿李杨、第三店水文测站设立技术论证报告及耿李杨、第三店专用水文测站设立申请表，向海委递交了申请设立专用水文测站审批的相关资料。8月9日，海委以海许可决〔2017〕30号批准在山东省德州市黄河崖镇耿李杨村设立耿李杨专用水文站，在山东省德州市二屯镇第三店村设立第三店专用水文站，由四女寺枢纽工程管理局所属引黄倒虹吸工程管理所承担耿李杨、第三店专用水文站的水文测验及报汛任务。

【水质监测】

按照海河流域水环境监测中心《2017年水质监测任务书》要求，按月开展24个常设断面（省界断面11个，水功能区断面11个，水源地断面2个）29个监测项目的例行监测工作；完成漳河上游局11个省界断面的水质监测任务。全年出具监测数据8000余个，编制水质检测报告12份，发布《漳卫南运河水功能区水质状况通报》12期。继续对管辖范围内入河排污口和岳城水库开展水质监测；对管辖范围内发现的水污染和疑似水污染开展监督性监测；完成2017年度卫运河治理施工期监测任务。

【水资源监测】

2016年12月29日10时至2017年2月4日16时漳卫南局实施引岳济沧、济衡应急供水。自供水实施前至供水结束，漳卫南局持续开展水质水量监测，共监测水质断面38个，监测水样266个，出具水质检测数据4756个；巡测水文断面8个，水文测验9次，取得水文数据9个。2017年6月2日至7月2日，岳城水库向衡水市应急供水。本次调水岳城局、邯郸市水利局、衡水市水务局共同委托河北省水文局开展水质监测，漳卫南局水文处进行水量水质复核。

【水文情报预报】

1. 水情报讯

直属测站严格按照《海委办公室关于下达2017年报汛任务的通知（办水文〔2015〕1号）》要求开展报汛工作。汛期，中央报汛站岳城水库、穿卫枢纽到报率100%。截至12月31日，向部委报送2个国家基本水文站水情信息1242份，30分钟内信息到达率100%，无错报、漏报。

2. 水文预报

汛期，密切监视漳卫河系雨情、水情，关注台风信息，开展水情分析预报，完成《漳卫南运河水情信息》122期，《漳卫南水情预报分析》6期，为漳卫南局防汛决策提供技术支撑。

【资料整编】

2月，按照《水文资料整编规范》（SL 247—2012），组织漳卫南局直属水文测站开展2016年度水文资料整编工作，印制了《漳卫南局水文资料整编成果（2016年）》，参加了2016年度海委系统水文资料的整编复审工作。

3月，协助海河流域水环境监测中心在德州召开海委系统水质监测资料整编审核会，并完成海河流域水环境监测中心漳卫南运河分中心2016年的水质资料整编。

【水文项目管理】

4月，根据海委及局财务处的相关通知，漳卫南局水文处完成了2018—2020年水文测报和防汛费项目储备文本的编制工作，将文本录入预算管理系统，并完成水文测报项目的打捆文本编报。文本编报期间，指导局直属有关水文测站完成了水文测报项目的储备文本编制。

【水文统计】

3月，根据海委及漳卫南局的要求，对2016年水文处资产进行盘点，截至2016年12月31日，核实统计水文固定资产总额819.11万元，在职人员19人，离退人员5人，主管部门核拨事业费355.65万元。

【水文队伍建设】

4月10—14日，局水文处与漳卫南局落实最严格水资源管理项目办公室联合举办了水资源管理业务和水文测报新技术应用培训班，系统学习了河湖管理实践与发展——江苏省河长制实践探索、水文预报与调度新技术、水库水闸调度与河流生态保护、流域水资源承载力及生态修复、水文测验现代化与资料整编等内容，对做好水文测报工作具有积极的推动作用。5月15—25日，水文处参加了2017年度水质监测实验室质量控制考核，检测结果一次性通过。5月16—18日，举办了突发性水污染应急监测演练，出动了监测车、监测船等主要装备，实地演练应急监测全过程各项要素。8月16—19日，组织人员参加了认监委组织的饮用水中阴离子合成洗涤剂的检测能力验证，在规定时间内完成并上报结果。8月28—30日，举办了水质应急监测仪器技术培训班，人员业务能力得到进一步提高。

水资源保护

【创新工作机制】

1月，正式印发实施《漳卫南运河管理局水功能区管理办法（试行）》，规范漳卫南局水功能区监督管理工作，落实监督管理责任，提高规范化、制度化水平。

自1月起，每月以《漳卫南运河水功能区水质状况通报》形式向沿河十市政府和水利局、环保局通报漳卫南运河水功能区的水质状况。

【水功能区和入河排污口监督管理】

组织开展漳卫南局管辖范围内的水功能区、省界断面、饮用水源地的水质监测和监督管理工作，按要求完成省界缓冲区、直管水功能区和省界监测断面的界碑维护工作。

开展入河排水（污）口清查工作，组织开展管辖范围内入河排污口和部分支流口的调查监测工作，并整编完成《2017年漳卫南运河水系入河排污口监督性监测成果报告》。

【岳城水库饮用水水源地保护】

通过实地调研、召开座谈会等形式对岳城水库饮用水水源地安全保障达标建设现状及存在的问题进行调研，编制了《岳城水库饮用水水源地安全保障达标建设状况自评估材料》和《岳城水库饮用水水源地安全保障达标建设调研报告》。

【供水保障工作】

汛期，严格落实漳卫南局对防汛工作的统一部署，积极开展汛期防洪安全工作，加强对库区的巡查和监测力度，组织开展洪水期水质监测工作，为洪水资源化利用工作提供了技术支撑。

制定了《漳卫南局供水期间排水口监督管理工作方案》，对相关单位控制排污工作进行指导，针对临清入卫闸、红旗渠等重点排污口提出了巡查或封堵方案。在“引岳济沧”“引岳济衡”调水期间，以明传电报形式向相关地方政府发送《关于严格控制入河排污的函》，有效保障了供水水质安全。

【突发水污染事件应急防范】

开展水污染隐患排查，积极应对突发性水污染事件。督促各相关单位继续执行突发水污染事件月报及重大活动、节假日期间零报告制度，并按要求填写水污染事件月报表，密切关注直管河道、饮用水水源地突发水污染事件情况。

【项目验收和预算编制】

按照项目验收要求对项目资料进行整理，完成2016年度水功能区监督管理、入河排污口监督管理和水资源管理系统运行维护3个水资源保护项目的验收工作。

按照申报项目的相关要求，完成2018年度水功能区监督管理、入河排污口监督管理、水源地管理与保护3个水资源保护项目预算编制和申报工作。

【科研工作】

牵头完成的《海河流域漳卫南运河河流生态调查研究报告》获漳卫南局第二届科学技术进步二等奖，参与完成的《漳卫南运河“三条红线”指标研究》《漳卫南运河水功能区管理研究报告》分获漳卫南局第二届科学技术进步一等奖和三等奖。

姜荣福负责编制的《水环境质量评价系统软件V1.0》《水质资料整编特征值统计软件

V1.0》获得由国家版权局颁发的《计算机软件著作权登记证书》。

【推进河长制工作】

水资源保护处作为漳卫南局推进河长制工作领导小组办公室，牵头制定了《漳卫南局全面推进河长制工作方案》，落实了各部门、各单位的工作职责，为河长制工作的顺利开展奠定了基础。

组织开展漳卫南运河山东段、河南段问题排查工作，全面梳理河道存在的突出问题，编制完成《漳卫南运河山东段2017—2020年综合整治方案》和《漳卫南运河山东段岸线利用管理规划报告》。编写说明了河南境内卫河干流（含共产主义渠）、漳河、岳城水库的管理保护情况。

督促有关单位配合沿河地方开展“清河行动”“三边整治”“非法砂场专项整治”等多种形式的专项行动，切实加强了对涉河环境保护突出问题的整治，有力地打击了违法行为，维护了河道的正常管理秩序。

参加了海委对河北省邯郸市的督导检查；配合山东省漳卫南运河河长开展巡河工作；先后同山东省水利厅、邯郸市、衡水市水利局等单位建立了畅通的联系和协调机制；督促局属各单位以多种方式参与到地方河长制办公室中，反馈河长制的相关工作。

综合管理

【政务管理】

1. 目标管理

完善目标管理考核制度，对部分考核内容进行了调整。明确了各项考核内容的成果要求和完成时间。

2. 会议、培训、办公用房及接待管理

进一步对办公用房进行了清理和整改。加强了会议、培训及接待工作的规范化管理，严格贯彻上级厉行节约的有关要求，认真执行公务接待审批制度，严格制定了公务接待标准。

3. 政务内网管理及工作调研

开展了局系统办公室工作调研，对局属各单位办公室工作开展情况进行了摸底，对综合政务管理工作进行指导。

4. 综合服务管理

重新调整内部分工，实行一岗双责。提高文件的流转速度。严把公文审核关，发文实行三核三校。2017 年，处理收发文件 750 件。

5. 督办工作

及时下发督办单，责成相关部门、单位进行落实。完善反馈机制，通过政务内网、现场督办、电话督办等多种形式在关键节点予以提醒和督办。

6. 信访工作

完善信访工作机制，认真处理群众来信来访问题。2017 年，共办理群众来信来访 25 件（次）。

【宣传工作】

2017 年共外发稿件 520 篇。其中，反映我局“引岳济衡、引岳济沧”的稿件《清水千里润燕赵》在《中国水利报》2017 年 2 月 21 日第 3964 期头版头条刊发；反映我局河长制推进工作情况的稿件《借力河长制，解决老大难》在海委公众号推出。利用漳卫南运河管理局网、漳卫南运河综合信息网、漳卫南运河微信公众号和《漳卫南运河信息》，对我局工作进行了全面宣传。利用无人机航拍及 3DVR 技术实现了局机关及主要枢纽水闸的全景拍摄。开办“学习贯彻党的十九大精神”“漳卫南局落实最严格水资源管理制度”等专题活动，编印《漳卫南运河信息》8 期。

【保密工作】

对涉密岗位进行了分类管理，在全局实行了保密工作责任制。专门设立了涉密档案、文件阅览室，实现了存阅分离。建立健全了保密文件管理台账，对保密文件实行点对点交接管理。

【人事管理】

1. 人事任免

2017 年 1 月，经试用期满考核合格，任命任重琳为办公室（党委办公室）副主任，王建辉为财务处副处长，刘群为财务处副处长，王军为人事处（离退休职工管理处）副处长，李才德为人事处（离退休职工管理处）副处长，仇大鹏为水资源保护处副处长（漳任

〔2017〕1号）。

2017年1月，中共漳卫南局党委决定，免去梁存喜中共四女寺枢纽工程管理局委员会委员、四女寺枢纽工程管理局副局长职务，自2017年3月31日起退休（漳党〔2017〕6号、漳人事〔2017〕8号）。

2017年2月，中共漳卫南局党委决定：李靖任中共邯郸河务局委员会党委副书记、邯郸河务局局长（漳党〔2017〕17号、漳任〔2017〕3号）；尹法任中共邢台衡水河务局委员会党委书记、邢台衡水河务局局长（漳党〔2017〕18号、漳任〔2017〕4号）；王斌任中共四女寺枢纽工程管理局委员会党委书记、四女寺枢纽工程管理局局长（漳党〔2017〕19号、漳任〔2017〕5号）；李勇任中共德州河务局委员会党委书记、德州河务局局长（漳党〔2017〕20号、漳任〔2017〕6号）；刘敬玉任中共水闸管理局委员会党委书记、水闸管理局局长（漳党〔2017〕21号、漳任〔2017〕7号）；张朝温任漳卫南局监察处（审计处）副处长（正处级）（漳任〔2017〕8号）。

免去：尹法中共卫河河务局委员会党委书记、卫河河务局副局长职务（漳党〔2017〕16号、漳任〔2017〕2号）；李靖中共卫河河务局委员会党委副书记、卫河河务局局长职务（漳党〔2017〕16号、漳任〔2017〕2号）；王斌中共邢台衡水河务局委员会党委书记、邢台衡水河务局局长职务（漳党〔2017〕18号、漳任〔2017〕4号）；李勇中共四女寺枢纽工程管理局委员会党委书记、四女寺枢纽工程管理局局长职务（漳党〔2017〕19号、漳任〔2017〕5号）；刘敬玉中共德州河务局委员会党委书记、德州河务局局长职务（漳党〔2017〕20号、漳任〔2017〕6号）；张朝温中共水闸管理局委员会党委书记、水闸管理局局长职务（漳党〔2017〕21号、漳任〔2017〕7号）。

2017年4月，中共漳卫南局党委决定：李华任漳卫南局工会（中国农林水利工会海委漳卫南运河管理局委员会）副调研员（漳任〔2017〕11号）；郑萌任中共防汛机动抢险队委员会委员（漳党〔2017〕30号）、防汛机动抢险队副队长（试用期一年，聘期三年。漳任〔2017〕12号）；刘洋任中共沧州河务局委员会委员（漳党〔2017〕27号）、沧州河务局副局长（试用期一年。漳任〔2017〕13号）；何传恩任中共四女寺枢纽工程管理局委员会委员（漳党〔2017〕29号）、四女寺枢纽工程管理局副局长（试用期一年），免去其四女寺枢纽工程管理局副调研员职务（漳任〔2017〕14号）；张斌任中共德州河务局委员会委员（漳党〔2017〕28号）、德州河务局副局长（试用期一年。漳任〔2017〕15号）；张君任中共聊城河务局委员会委员（漳党〔2017〕26号）、聊城河务局副局长（试用期一年。漳任〔2017〕16号）；江松基任中共卫河河务局委员会委员（漳党〔2017〕25号）、卫河河务局副局长（试用期一年），免去其卫河河务局副调研员职务（漳任〔2017〕17号）；师家科任中共四女寺枢纽工程管理局委员会委员（漳党〔2017〕32号）、四女寺枢纽工程管理局副局长（试用期一年。漳任〔2017〕18号）；张如旭任中共卫河河务局委员会党委书记（漳党〔2017〕38号）；倪文战任中共卫河河务局委员会党委副书记（漳党〔2017〕38号）、卫河河务局局长（试用期一年。漳任〔2017〕20号），免去其中共邯郸河务局委员会委员（漳党〔2017〕32号）、邯郸河务局副局长职务（漳任〔2017〕19号）；王建设达到法定退休年龄，自2017年4月30日起退休（漳人事〔2017〕23号）。

2017年5月，中共漳卫南局党委决定，免去刘纯善的建设与管理处调研员职务，自

2017年5月31日起退休（漳人事〔2017〕29号）。

2017年7月，中共漳卫南局党委决定：孙建义任岳城水库管理局副调研员（漳任〔2017〕23号）；刘培珍任四女寺枢纽工程管理局副调研员（漳任〔2017〕24号）；刘亚峰任中共邯郸河务局委员会委员（漳党〔2017〕43号）、邯郸河务局副局长（试用期一年），免去其邯郸河务局副调研员职务（漳任〔2017〕25号）；苏文静任邢台衡水河务局副调研员（漳任〔2017〕26号）；查希峰任中共卫河河务局委员会委员（漳党〔2017〕42号）、卫河河务局副局长（试用期一年。漳任〔2017〕27号）。

2017年8月，水利部以部任〔2017〕69号文件通知：经试用期满考核合格，任命韩瑞光、王永军为水利部海河水利委员会漳卫南运河管理局副局长。

2017年9月，中共海委党组研究决定：田术存任海委防汛抗旱办公室副主任（挂职一年）（海任〔2017〕12号）；潘岩泉任德州水利水电集团公司总工程师（漳任〔2017〕29号）；李超任德州河务局局长助理（挂职一年）（漳任〔2017〕30号）。

2017年11月，中共水利部党组决定，任命张永明为水利部海河水利委员会漳卫南运河管理局局长，免去张胜红的水利部海河水利委员会漳卫南运河管理局局长职务（部任〔2017〕121号）。

2017年12月，经试用期满考核合格，任命李增强为水政水资源处副处长，田术存为防汛抗旱办公室副主任，王孟月为直属机关党委副书记（漳任〔2017〕31号）；何宗涛为综合事业处处长（漳任〔2017〕32号）；李孟东为水文处处长（漳任〔2017〕33号）。

2. 机构设置与调整

（1）2016年12月，漳卫南局印发《漳卫南局关于成立局系统供水工作领导小组的通知》（漳人事〔2016〕54号）。领导小组成员组成如下：

组　长：张胜红

副组长：李瑞江　徐林波

成　员：于伟东　李学东　张启彬　杨丹山　张晓杰　刘晓光　李孟东　何宗涛
尹　法　张安宏　张　华　王　斌　刘敬玉　饶先进　张同信　李　勇
张朝温

领导小组下设办公室，在领导小组指导安排下开展工作，成员如下：

主　任：张晓杰

副主任：何宗涛　李孟东　李增强　仇大鹏　田术存

成　员：由相关部门、单位人员组成。

职责分工：

办公室：负责供水工作的宣传报道。

水政处：负责沿河引水闸、扬水站监管方案的制订及组织实施。

财务处：负责局统一调水水费的管理和使用，监督局属各单位所收供水水费的管理和使用。

防　办：负责与地方的沟通联系，及时掌握用水需求，负责局系统内部的组织协调，负责水量调度方案制定及组织实施。

水保处：负责沿河排水口门监管方案制定及组织实施。

水文处：负责水文、水质监测方案制定及组织实施，负责水量和水质的预测，负责水文、水质数据的报送，负责突发事件水文、水质的应急监测。

综合事业处：负责供水价格政策工作，负责供水市场的开拓工作，负责局统一调水供水合同的洽谈、签订和水费的收缴，监督、指导局属各单位供水管理工作。

各河务局：负责河道堤防的巡查，及时掌握水情、工情，保证输水安全，负责管辖范围内引水闸、扬水站及排水口门的监管，负责权限内取水口供水合同的洽谈、签订和水费的收缴，协助水文处做好水文、水质监测工作。

岳城局：负责岳城水库的水文测报工作及调度令的执行，负责权限内取水口供水合同的洽谈、签订和水费的收缴，协助开展岳城水库供水协调。

四女寺局：负责枢纽工程调度令的执行，负责权限内引水闸、扬水站的监管工作，负责取水口供水合同的洽谈、签订和水费的收缴，协助水文处做好水文、水质监测工作。

水闸局：负责枢纽、水闸工程调度令的执行，负责权限内引水闸、扬水站的监管工作，负责供水合同的洽谈、签订和水费的收缴，协助水文处做好水文、水质监测工作。

（2）2017 年 3 月，漳卫南局印发《漳卫南局关于成立职工健身工作领导小组的通知》（漳人事〔2017〕14 号）。领导小组成员组成如下：

组　长：张胜红

副组长：张永顺

成　员：李学东　陈继东　张启彬　杨丹山　姜行俭　张　军　张晓杰　刘晓光
杨丽萍　裴杰峰　李孟东　赵厚田　何宗涛　周剑波

领导小组下设办公室，负责日常工作的组织开展。办公室设在局直属机关党委、工会，成员组成如下：

主　任：裴杰峰

副主任：王孟月　王　丽　李　华

成　员：张洪泉　吕笑婧　马国宾　田　伟　王　颖　阮荣乾　尹　璞　张明月
杨照龙　潘　云　杨乐乐　安艳艳　毛贵臻　张伟华　张海宁

（3）2017 年 3 月，漳卫南局印发《漳卫南局关于调整落实最严格水资源管理制度领导小组和办公室成员的通知》（漳人事〔2017〕18 号）。决定对局落实最严格水资源管理制度领导小组和办公室成员进行调整如下：

领导小组

组　长：张胜红

副组长：李瑞江

成　员：于伟东　李学东　张启彬　杨丹山　张晓杰　刘晓光　杨丽萍　李孟东
赵厚田　何宗涛

领导小组办公室

主　任：于伟东

副主任：李增强　仇大鹏　田术存

1）综合组。

组　长：刘　群

成　员：王丹丹　张艳茹　张　淼　耿晶晶　魏　序

2）水资源组。

组　长：李增强

副组长：戴永翔

成　员：耿高峰　马国宾　王　颖　苏伟强

3）水资源保护和水文组。

组　长：仇大鹏

副组长：吴晓楷

成　员：谭林山　安艳艳　李志林　魏凌芳　高　翔

4）信息技术组。

组　长：刘　伟　韩朝光

成　员：贾　文　高　垚　毛贵臻　杨　晶　刘卫国　赵建勇

该机构为临时机构，项目完成后，自行撤销。

（4）2017 年 5 月，漳卫南局印发《漳卫南局关于调整 2017 年防汛抗旱组织机构的通知》（漳人事〔2017〕25 号），对 2017 年防汛抗旱组织机构调整如下：

1）局防汛抗旱工作领导小组。

组　长：张胜红

副组长：张永明　李瑞江　徐林波　张永顺　韩瑞光　王永军　李　捷

成　员：于伟东　李怀森　李学东　陈继东　张启彬　杨丹山　姜行俭　张　军
　　　　张晓杰　刘晓光　杨丽萍　裴杰峰　李孟东　赵厚田　何宗涛　周剑波

2）河系（水库）组及职能组。

①河系（水库）组。

- 卫河组

组　长：陈继东

副组长：曹　磊

成　员：主要由计划处人员组成

- 漳河组

组　长：张启彬

副组长：李增强

成　员：主要由水政水资源处人员组成

- 卫运河组

组　长：姜行俭

副组长：王　军　李才德　王德利　王丽君

成　员：主要由人事处人员组成

- 南运河、漳卫新河（含四女寺枢纽）组

组　长：刘晓光

副组长：仇大鹏　张　宇

成　员：主要由水资源保护处人员组成

- 岳城水库组

组　长：张　军

副组长：张保昌　张润昌

成　员：主要由建设与管理处人员组成

②职能组。

- 综合调度组

组　长：张晓杰

副组长：祁　锦　田术存　王炳和　梁文永

成　员：主要由防汛抗旱办公室人员组成

- 情报预报组

组　长：李孟东

副组长：孙雅菊　韩朝光

成　员：主要由水文处人员组成

- 通信信息组

组　长：赵厚田

副组长：刘　伟

成　员：主要由信息中心人员组成

- 物资保障组

组　长：杨丹山

副组长：王建辉　刘　群　李焊花　赵爱萍

成　员：主要由财务处人员组成

- 宣传报道组

组　长：李学东

副组长：刘书兰　任重琳　陈　萍

成　员：主要由办公室人员组成

- 防汛动员组

组　长：裴杰峰

副组长：王孟月　罗　敏　王　丽　李　华

成　员：主要由直属机关党委（工会）人员组成

- 督察组

组　长：杨丽萍

副组长：张朝温　耿建国　段忠禄

成　员：主要由监察（审计）处人员组成

- 后勤保障组

组　长：周剑波

副组长：史纪永　杨增禄

成　员：主要由后勤服务中心人员组成

3）专家组。

组　长：徐林波（兼）

副组长：于伟东　李怀森　何宗涛

成　员：主要由综合事业处人员组成

4）顾问组。

组　长：宋德武

副组长：史良如　毛庆玲

成　员：由有经验的退休领导、职工组成

（5）2017 年 7 月，漳卫南局印发《漳卫南局关于成立推进河长制工作领导小组的通知》（漳人事〔2017〕34 号）。

1）主要职责。

领导小组主要负责贯彻落实党中央、国务院、水利部和海委关于全面推行河长制的决策部署，落实局党委推进河长制工作的重大措施，加强漳卫南局推进河长制工作的组织领导，指导督促相关地方全面推行河长制，协调解决推行河长制工作中的重大问题，加强对推行河长制重要事项落实情况的检查督导等。

2）组成人员。

组　长：张胜红（漳卫南局局长）

副组长：张永明　李瑞江　徐林波　张永顺　韩瑞光　王永军　李　捷

成　员：于伟东　李怀森　李学东　陈继东　张启彬　杨丹山　姜行俭　张　军
张晓杰　刘晓光　杨丽萍　裴杰锋　李孟东　赵厚田　何宗涛　周剑波
张如旭　张安宏　张　华　尹　法　李　勇　饶先进　张同信　王　斌
刘敬玉　段百祥　刘志军

领导小组下设办公室，办公室设在水资源保护处，承担领导小组的日常工作。成员组成如下：

办公室主任：韩瑞光

办公室副主任：于伟东　李怀森　李学东　刘晓光（常务）

办公室下设综合组和技术组。

①综合组。

李学东、刘晓光任组长，人员由办公室、财务处、人事处、水资源保护处、监察处相关人员组成。

工作职责：具体承担推进河长制工作领导小组办公室日常工作，负责推进河长制工作的综合协调、对外联络、督察督办、会务组织、文件办理、宣传报道、信息简报和档案管理等工作，做好领导小组办公室交办的其他任务。

②技术组。

于伟东、李怀森任组长，人员由计划处、水政水资源处、建设与管理处、防汛抗旱办公室、水资源保护处、水文处、综合事业处相关人员组成。

工作职责：组织河长制工作有关规划、方案的编制、审核、审查；负责相关业务的指导和督促检查；针对推进河长制工作技术性问题研究提出相关措施和建议；做好领导小组办公室交办的其他任务。

3）职责分工。

领导小组组长对推进河长制工作负总责；各副组长根据分工负责相关工作审核把关；总工负责有关技术问题把关和审核；副总工根据分工协助总工做好相关技术工作。

机关各部门、直属事业单位根据职责做好相关工作。

局属各河务局、管理局负责与沿河相关地方的工作对接和联系，负责管辖范围推进河长制工作的具体落实。

4）议事规则。

局党委会和局长办公会定期研究部署漳卫南运河河库管理保护和推进河长制工作重大事项，协调解决全局性重大问题。

领导小组原则上每年召开一次会议，主要内容：研究局党委会和局长办公会议定事项具体落实措施；审议漳卫南局推进河长制工作的重大措施；指导漳卫南运河全面推进河长制工作；总结上年度工作，确定下年度工作重点；研究推进河长制工作表彰、奖励及重大责任追究事项。

领导小组办公室根据需要不定期召开会议，必要时可以召开扩大会议。主要内容：贯彻落实有关工作部署；调度工作进展情况；组织、协调、督促各有关单位履行职责；研究推进河长制工作过程中需要局党委会和局长办公会进行决策和协调解决的重要事项。

（6）2017 年 9 月，漳卫南局印发《漳卫南局关于调整安全生产领导小组的通知》（漳人事〔2017〕53 号），对我局安全生产领导小组进行调整，调整后组成人员如下：

组　长：张胜红

副组长：王永军

成　员：李学东　陈继东　张启彬　杨丹山　姜行俭　张　军　张晓杰　刘晓光
杨丽萍　裴杰峰　李孟东　赵厚田　何宗涛　周剑波

安全生产领导小组办公室设在建设与管理处，负责安全生产领导小组日常工作，办公室主任由张军兼任，办公室副主任由建设与管理处副处长张保昌担任。

（7）2017 年 12 月，漳卫南局印发《中共漳卫南局党委关于成立党建工作领导小组的通知》（漳党〔2017〕52 号），有关事项通知如下：

1）党建工作领导小组主要职责。党建工作领导小组在局党委领导下开展工作，主要职责是：

①贯彻落实中央和水利部、海委党组，德州市委党建工作部署安排和各项要求，研究加强和改进党建工作的思路和举措，明确局党委关于党建工作的总体目标任务和年度工作要点。

②对漳卫南局党建工作实施统一领导、统筹规划、推动落实，了解掌握局系统基层党建和局机关党建工作情况。

③定期听取党建工作汇报，讨论党建工作中事关全局的重要问题，对重点工作进行统筹安排、研究部署和组织协调。

④及时向局党委汇报党建工作的重要情况，提出意见建议。

⑤承担委党组党建工作领导小组、局党委交办的其他任务。

2）党建工作领导小组人员组成。

组　长：张永明

副组长：张永顺

成　员：李学东　姜行俭　杨丽萍　裴杰峰

党建工作领导小组下设办公室，负责日常工作，办公室设在局办公室（党委办公室），主任由李学东兼任。

3）党建工作领导小组工作机制。

①党建工作领导小组会议由组长召集，也可由组长委托副组长主持召开。

②根据不同议题需要，可适当扩大与会人员的范围。

③不定期组织领导小组成员进行党建工作专题检查、调研，广泛听取基层组织和党员的意见和建议，提高规划党建工作的针对性、科学性和实效性。

3. 职工培训

2017年，漳卫南局共举办培训班24期，开通网络学习平台972名，全年累计参加培训5000多人次。选送200余人次参加水利部、海委及地方举办的各类培训班。选派1名局级干部参加全国水利系统司局级领导干部法治专题培训班，1名处级干部参加美国、加拿大参加“流域综合管理与水生态修复技术交流”学习，1名处级干部参加水利部党校2017年秋季学期处级干部进修班学习。选派90多名专业技术骨干参加水利部、海委及地方举办的专业技术人员培训班。

4. 人员变动

漳卫南局行政执行人员编制596名。2017年，招录参照公务员法管理人员9人，退出17人，其中13人退休（纪相朝、梁存喜、田莉、刘纯善、郝丽芳、席曼、安学芬、吴贵生、刘铁柱、闫国胜、王岳红、韩玉平、李秀婷），1人调至海委机关（张胜红），2人调出至其他事业单位（禄衫、王琳琳），1人调出至局属事业单位（郑萌）。截至2017年12月31日，漳卫南局参照公务员法管理人员444人。

5. 职称评定

2017年8月，漳卫南局印发《漳卫南局关于公布、认定专业技术职务任职资格的通知》（漳人事〔2017〕52号）：

经水利部职改办《关于批准于习军等327人具备相应专业技术资格的通知》（职改办〔2017〕10号）批准，石评杨、刘恩杰、何宗涛具备教授级高级工程师任职资格，王艳红、吕海涛、祁宇涛具备高级经济师任职资格，王静具备政工师任职资格。以上人员专业技术职务任职资格取得时间为2017年6月7日。

经海委高级工程师任职资格评审委员会评审通过，《海委关于批准高级工程师、工程师任职资格的通知》（海人事〔2017〕24号）批准，杨利江、崔永玲、倪文战、上官慧、邢红芳、潘岩泉、李晓红具备高级工程师任职资格。杨照龙、谭林山、李志林、魏凌芳、韩彦美、刘东升、姜卫华、王宁宁、郭玉雷、霍伟、杨昭、金春梅、杨华芳、朱卫亮、魏序、郭艳立、叶世勇、王文杰、李静、刘敏、陈兆明、孙炎渤具备工程师任职资格。以上人员专业技术职务任职资格取得时间为2017年5月4日。

经漳卫南局认定，刘龙龙、张凯具备工程师任职资格，张俊美具备政工师任职资格，张明月、刘丹、李兆祺、李飞、王一、刘卿娴、王辛晴、罗志宝具备助理工程师任职资格，王欣具备助理会计师任职资格，王丹丹具备助理政工师任职资格，以上人员专业技术职务任职资格取得时间为2017年7月1日。

6. 表彰奖励

（1）2017年2月，漳卫南局印发《漳卫南局关于表彰2016年度优秀机关工作人员的决定》（漳人事〔2017〕6号），对以下参照公务员法管理的人员进行奖励（按部门排序）：

张立群、张洪泉、马元杰、马国宾、杨丹山、刘群、田伟、裴杰峰、王颖、杨乐乐2016年度考核确定为优秀等次，予以嘉奖。

于伟东、位建华、姜行俭、王丽君、王炳和、杨丽萍连续三年年度考核优秀，记三等功。

（2）2017年2月，漳卫南局印发《漳卫南局关于公布局属各单位、德州水电集团公司2016年度处级考核优秀结果的通知》（漳人事〔2017〕5号）。尹法、刘长功、张华、魏强、饶先进、陈俊祥、张同信、张建军、张朝温年度考核确定为优秀等次。根据《公务员奖励规定（试行）》，对上述优秀等次人员嘉奖一次。李靖、张如旭、王斌、张安宏、刘敬玉、陈正山、李勇连续三年考核被确定为优秀等次，记三等功一次。

段百祥、刘恩杰、宫学坤、刘志军、潘岩泉年度考核确定为优秀等次。

（3）2017年2月，漳卫南局印发《漳卫南局关于公布直属事业单位职工2016年度考核优秀结果的通知》（漳人事〔2017〕7号），漳卫南局直属事业单位职工2016年度考核优秀人员公布如下（按单位排序）：李孟东、段信斌、李志林、武震、杨晶、毛贵臻、何宗涛、石评杨、刘继红、刘勇、王艳红、温连香、荆荣斌、杨小康、吴金星。

【财务管理】

1. 预算管理工作

完成2018—2020年三年滚动项目储备工作，完成2018年部门预算“一上”“二上”的编报及2017年部门预算的批复工作。完成2016年预算项目绩效评价和总体验收工作。

2. 财务决算、日常核算及基础性管理工作

完成漳卫南局2016年各类财务决算、资产报表、企业报表的编制、汇总、上报工作，完成2017年各项经费的日常核算和日常报表工作。

3. 资金支付

2017年全年除5月财政资金支付进度较慢外，其他各主要时间节点均达到序时进度要求。年末财政资金支付率98.16%（卫运河治理基建项目结转资金594.99万元），较好地完成了财政资金支付工作。

4. 财务信息化建设

通过水利部NC系统和动态监控系统、财政部统一报表等财务支撑系统建设，我局所有财务业务都通过信息化进行处理。财务信息系统的建设，提高了财务工作效率，减少差错发生几率，加强了对资金支付工作的监管，便于充分发挥财务监督职能作用，提高财务管理规范化水平。

5. 财务检查

9月，成立检查组对各单位2016—2017年预算执行情况进行了专项检查，强化了预算执行的约束作用，规范了资金使用管理；11月，配合海委完成了对水闸管理局、四女寺管理局、水文处三家预算单位2016年1月至2017年10月预算执行情况检查工作。

6. 财务队伍建设

6月，举办了一期部门预算（资产）管理培训班，培训全局财会业务骨干65人，进一步提高了财务人员的业务素质。组织完成2017年会计人员继续教育工作。

【公务用车改革工作】

8月，完成了局机关公车改革工作。12月，完成局属9家参公单位局公车改革方案属地专员办的审核工作。

【价格收费】

4月，综合事业处配合聊城局完成了穿卫枢纽供水工作。本次供水5347万m^3，水费得到收缴。8月，对穿卫枢纽工程供水价格重新核算并报水规总院核准。辛集闸交通桥恢复通车后正常收费。

【信息系统管理】

年内，完成对聊城局、岳城局统一语音网关设备的升级，对邯郸局、魏县、穿卫闸等站点8套软交换远端设备的改造，提高了语音交换系统运行的可靠性和远程维护的便利性；对邯郸局、聊城局核心路由器和网络交换机进行了升级，提高了邯郸局和聊城局网络系统的稳定性和可靠性；对临清至行衡局的原有微波设备进行更换，更换后微波容量由34M升级为200M，网络接口数量由2个增加为6个；对漳卫南局机关、祝官屯、临清、馆陶、魏县、临漳、邯郸局、岳城局、岳城水库等站的SDH复接器进行更换，提高了设备运行的可靠性，增加了网络接口。通过水利部"流域偏远水文站信息传输卫星便携站建设"项目，为漳卫南局新配置了便携卫星站及无线调度系统，信息中心积极组织人员参加培训及设备验收，并与水利部卫星主站、中电54所、引滦局等单位多次进行设备实战演练。

【机关党建】

2017年编印下发《2017年度党课教育材料》，每季度制定印发《职工政治理论学习教育计划》，发放《党的十九大报告学习辅导百问》《新党章》《十九大党章修止案学习问答》以及《党员学习笔记本》，为机关直属各党组织订购《党建》《时事报告》《党委中心组学习》《学习活页》等学习材料。建立党费专用账户，申请"驻村帮扶第一书记"和"过硬党支部建设"专项活动经费2万元。

6月30日，举办以"牢记使命、不忘初心、继续前进"为主题的"七一"主题党日活动。

7—8月，组织开展"灯塔——党建在线"党员、党组织信息采集和网上登记注册工作及党员组织关系排查工作，对入党材料不完善的党员进行了专项调查，党员身份无误的补办有关手续。

9月6日，局长张胜红、党委书记张永明分别讲授了题为《为人民服务，快乐我们的人生》《提高认识，做合格党员》的专题党课。其他局领导以及各支部书记也全部在9月底前讲述了专题党课。

10月，为迎接党的十九大召开，组织开展了生活困难党员、85周岁以上老党员、因公牺牲（殉职）党员救助慰问活动，为11名85周岁以上老党员和9名困难党员申请专项救助金65000元，并全部及时发放到位。

11月，组织机关直属各党组织全体党员参加德州市“不忘初心 牢记使命”学习党的十九大精神知识竞赛和深入学习宣传贯彻党的十九大精神活动，组织开展升国旗仪式及观看十九大开幕式直播等活动。

2017年有3名预备党员转正，新发展党员5名。

【精神文明建设】

7月11日，召开漳卫南局局机关创建全国文明单位工作推进会，印发《漳卫南局关于明确局机关创建文明单位“一票否决”事项牵头落实部门的通知》《漳卫南局机关创建全国文明单位实施方案》《漳卫南局机关创建全国文明单位测评指标分解表》等文件。截至2017年12月，全局系统中，有12个单位保持了“省级文明单位”荣誉称号，19个单位保持了“市级文明单位”荣誉称号。在德州市2017年度“文明科室”复查中，漳卫南局办公室宣传科、办公室秘书科、财务处预算管理科、人事处组织干部科、水文处行业管理科、水文处水情科、四女寺局办公室7个文明科室复查合格。

【工会工作】

元旦春节期间，走访慰问了局属各单位和水电集团公司的离退休老干部、困难职工和基层一线职工；1月25日，局党委印发《关于加强职工健身工作的指导意见》；2月，漳卫南局机关组织成立乒乓球、羽毛球、太极拳（剑）、摄影书法4个文体协会；3月和11月，分别组织了春季和秋季健步走活动；组织开展“三八”“五一”“十一”等节日活动和德州片区乒乓球比赛；10月，参加海委系统羽毛球比赛。

【团委工作】

根据局党委《关于进一步加强青年工作的意见》，成立中国共产主义青年团水利部海委漳卫南运河管理局委员会，选举产生了中国共产主义青年团水利部海委漳卫南运河管理局第一届委员会委员。局机关（含直属事业单位）及局属各单位、沧州河务局、德州水电集团公司分别组建（或换届）团委，成立122人的漳卫南局青年志愿者服务队并完成网上登记注册工作；年内组织举办四期“机关大讲堂”；5月27日，组织职工开展以“浓情端午，共包米粽”为主题的包粽子活动；9月27日，局机关青年志愿者开展“走进福利院”志愿服务活动。

【党风廉政建设】

1. 责任落实

制定印发《漳卫南局2017年党风廉政建设和反腐败工作要点》，重新修订两个责任清单，实施动态化管理，明确局党委、主要负责人、班子成员和纪检监察部门共242项责任。建立与岗位责任内容紧密相关的党风廉政建设责任书、承诺书。进一步细化量化党风廉政建设考核指标体系，明确局属单位十大项50条考核内容。以问题为导向出台《漳卫南局关于进一步加强党风廉政建设工作的通知》，提出整改建议13条。全年漳卫南局领导共开展日常廉政约谈12次；针对苗头性问题开展谈话提醒10次。

2. 作风建设

对各单位值班管理和各类津补贴发放情况进行专项督察；安排部署各单位认真梳理落实中央八项规定精神中存在的问题，开展自查自纠。对整改落实情况适时“回头看”，对节日期间廉洁自律和厉行节约提出明确要求，向处级以上干部发送节日廉政短信，对公车私用、公款旅游等开展明察暗访。

3. 风险防控

开展新任处级干部任前廉政知识测试，对15名新提拔处级干部进行任前廉政谈话，组织新任处级干部签订任前廉政承诺书。纪检监察部门出具干部廉政意见16个。

完成规划计划领域廉政风险防控体系建设。对四女寺局等6个单位主要负责人进行了离任、任中经济责任审计，提出建议28条。

4. 廉政文化

组织观看《清风正劲》《永不停歇的征程》等警示教育片，参观德州市廉洁教育基地，组织“廉政警示教育月”活动。每月编印一期《廉文荐读》。组织观看教育片《家风》，制作“一封家书说家风”廉政教育宣传栏。

【机关建设与后勤管理】

8月，后勤中心对漳卫南局防汛应急电源进行了改造。对漳卫南局机关公务车喷涂了统一标识字样“公务和监督电话”，并入到德州市公务用车管理监督平台系统。10月后完成了局1号、2号职工宿舍楼的不动产登记证的办理工作。11月，局机关7号职工宿舍楼列入德州市旧城改造计划。

局属各单位

卫河河务局

【工程建设与管理】

1. 堤防绿化及种植

召开绿化工作专题座谈会，下发《关于进一步加强堤防工程绿化管理工作的通知》（卫工〔2017〕11号），对全年绿化工作进行安排部署。2017年，共完成堤防集中绿化长度15km，植树1.30万棵。

2. 日常维修养护

全年完成日常维修养护土方32026m^3，堤防洒水、刮平4476个台时，树木养护96820棵，草皮养护34.76万m^2，草皮补植202m^2，界埂整修12895m^2，管理房养护688m^2，物业化管理150.37km，标志牌养护264块，险工石方15494m^3。

3. 专项维修养护

2017年，共完成8个项目的专项维修养护项目，完成堤顶整修土方70808m^3，堤坡整修土方27115m^3，新建护栏6445m^3，标志牌86个，购土25999m^3，埋设堤防公里桩29个，植树9980棵。

4. 工程管理制度建设

结合水利运行督查标准要求，对各单位现有工程管理规章制度进行梳理，全面开展工程管理制度建设，完成工程管理方面共10项40个办法、制度的制定工作，对各项制度以文件形式进行颁布、实施，按类进行汇编成册。

5. 卫河治理前期工作

配合完成卫河治理环境评价报告、社会稳定风险评估、现场查勘等相关工作，收集沿河国民经济统计资料、物价信息。完成卫河防汛仓库建设项目申报书的上报和土地手续办理工作并开工建设。

【防汛抗旱】

汛前，认真做好防汛检查，及时上报汛前检查报告。6月，全面落实各项防汛责任制，明确防汛成员部门的责任分工和相应职责。6月14日，召开2017年防汛抗旱工作会议，落实各项安全度汛措施。加强防汛职能组值班和领导带班，确保防汛信息的上传下达。完成《2017年卫河、共产主义渠防洪预案》的编制工作，及时上报相关防汛指挥机构。落实卫河局2016年雨毁修复工程的建设管理，7月，通过海委组织的竣工验收。组织防汛抢险知识和防汛调度方案的培训和学习。汛后开展工程检查，总结防汛经验。开展防汛技术研究，印制卫河水利工程节点图册。开展洪水研究，印制“16·7”洪水资料汇编，收集、总结小级别洪水防汛经验和抗洪资料。

【水政工作】

1. 水法规宣传

“世界水日”“中国水周”期间利用微信公众号、电子屏等媒介开展宣传，散发印制有宣传活动主题的无纺布手提袋4000余个、传单12000余张，宣传车12辆，人员40余人，悬挂横幅11条，展板3个，设置咨询台2个。

6月初，组织开展“完善堤防警示牌宣传内容”专项活动，共刷新警示牌202个、悬挂警示横幅79条。

2. 水政队伍管理

举办“水行政执法培训班”和“水资源管理与保护培训班”。先后组织28人次参加9个分别由海委、漳卫南局、濮阳市等组织的业务培训。为全体水政人员续签人身保险，为新增水政人员及工作岗位调整人员办理“海委水政监察证”和“河南省行政执法证”。适时发文对各水政大队人员进行调整。完成专职法律顾问的聘用续签。

3. 水行政执法

认真落实《卫河河务局水政执法巡查制度》，全年共开展水政巡查12次，涉河建设项目巡查4次，共现场处理水事违法行为26起，立案1起。

4. 涉河建设项目管理

以收取浚县、滑县政府多年欠缴橡胶坝调度费为突破，大幅增加内黄S502涉河建设项目水利工程占用补偿费用，全额预收200多万元防护工程款作为后期建设保证。紧盯郑济高铁两跨卫河的机遇，研究吃透水利部文件，积极建议在防护工程设计中增加“占用水利工程设施补偿项目”和“截流期间工程的调度管理”相关设计，并通过设计审查，创新解决涉河建设项目防护工程建成后落实管护和观测经费的管理难题。

协调完成内黄高堤浮桥、王庄浮桥、内楚高压线项目的协议完善，按照协议完成内黄高堤浮桥堤段“河道行洪断面测量及观测”项目。做好浚县内罗线、善大线、南乐渡口桥等五座桥梁的前期审批协助工作。印发《关于对涉河建设项目监管情况进行督查的通知》，系统梳理近年来的监管情况。

【水资源管理与保护】

每月初向漳卫南局上报取水口月取水量情况统计表，同时完成南乐元村、浚县淇门及刘庄水文站水文资料的收集工作。严格水资源管理，完成所辖56个取水口“取水许可证”的到期延续报批工作。配合漳卫南局开展汤河、安阳河口水文自动监测设施安装和5个取水口计量设施安装工作。

配合漳卫南局做好年初引岳输水的水样采集、化验分析、排污口巡查、协调地方减少排污等工作。协助水文处编制《水文设施工程项目建议书》，对卫河、共渠上游水文情况进行调研。每月按时采集、报送八个水功能区水样。协助水保处完成重大节假日突发水污染事件的值班，并对水功能区、缓冲区、排污口等所有标志碑进行维护。

【河长制工作】

成立推进河长制工作领导小组，编制《关于全面推进河长制工作方案》《全面推进河长制文件汇编》。向河南省水利厅上报“省级河长负责河流（卫河、共渠）管理保护情况”。多次参加濮阳市、安阳市河长办会议，完成相关制度、方案征求意见的反馈，报送卫河整治工作方案。局属各单位完成“一河一策”的制定工作。

【综合经营】

为提高堤防绿化信息化管理水平，经过前期充分调研，建成“卫河共渠堤防绿化数据库应用系统”，为堤防绿化部署、经营创收指标、领导经济决策等提供数据支持。

2015 年开展堤防“所有林”模式试点工作以来，在堤防和弃土上已发展 11.5km，植树 6 万余棵。

认真落实《卫河河务局 2013—2017 年经济发展规划》，推动经济工作健康发展。加强对临街房门市、内黄大棚等项目的管理利用工作，提高效益。对局机关各部门固定资产与低值易耗品进行集中清理统一登记并实行二维码管理，将闲置资产收回登记，集中保管，统一分配。

【卫河共渠堤防绿化数据库应用系统】

2016 年，依托“卫河河务局电子政务系统”平台，建立“卫河共渠堤防绿化数据库应用系统”（下文简称绿化数据库）。绿化数据库将堤防绿化承包合同的承包人、堤防桩号、签订时间、承包方式、收益方式、资源明细等基础信息进行分类、汇总、统计，实现堤防绿化管理数据化，准确高效的统计出堤防绿化合同的签订率、兑现率及年收益等分析数据，方便各级管理人员实时掌握堤防绿化的相关情况，方便相关部门查询使用有关数据，达到高效管理，辅助决策等作用。经过一年的试用操作和完善，2017 年全面投入使用。2017 年 9 月，该项目荣获漳卫南运河管理局第二届科学技术进步奖二等奖。

【绿化经营“所有林”模式试点】

绿化经营“所有林”模式试点工作自 2015 年开始。截至 2017 年年底，在堤防和弃土上已发展 11.5km，植树 6 万余棵。资金渠道有两种：一种是绿化专项经费，另一种是养护经费。相关单位认真遴选护林物业人员，制定“所有林”树木管理办法和奖惩措施。2017 年 3 月 31 日至 4 月 1 日，开展春季绿化工作专项督查。滑县河务局继续开展所有林建设，对原所有林的堤段和戗台上进行补栽，对调节渠以上堤段的堤脚进行补植。浚县河务局进一步开展共渠“所有林”建设，补植杨树、白蜡等苗木，普遍浇水一二次，保证所有林的返青、生长。

【人事管理】

1. 人员变动

招录参公人员 1 人（白冰洋）、事业人员 1 人（杜娇娇），退休 3 人（闫国胜、王建设、王绪杰）。

截至 2017 年 12 月 31 日，全局在职人员 84 人，其中参公人员 52 人，事业人员 32 人；离退休人员 52 人，离休 1 人，退休 51 人。

2. 人事任免

（1）处级干部任免。

2017 年 2 月 16 日，中共漳卫南局党委决定，免去尹法中共卫河河务局委员会党委书记、卫河河务局副局长职务，免去李靖的中共卫河河务局委员会党委副书记、卫河河务局局长职务（漳党〔2017〕16 号、漳任〔2017〕2 号）。

2017 年 4 月 17 日，中共漳卫南局党委决定：

张如旭任中共卫河河务局委员会党委书记（试用期一年。漳党〔2017〕38 号）。

倪文战任中共卫河河务局委员会副书记（漳党〔2017〕38 号）、卫河河务局局长（试用期一年，漳任〔2017〕20 号）。

江松基任中共卫河河务局委员会委员（漳党〔2017〕25 号）、卫河河务局副局长（试用期一年），免去其卫河河务局副调研员职务（漳任〔2017〕17 号）。

2017 年 4 月 18 日，漳卫南局同意解聘王建设卫河河务局综合事业中心主任的职务，自 4 月 30 日起退休（漳人事〔2017〕22、23 号）。

2017 年 7 月 10 日，中共漳卫南局党委决定：

查希峰任中共卫河河务局委员会委员（漳党〔2017〕42 号）、卫河河务局副局长（试用期一年。漳任〔2017〕27 号）。

10 月 25 日，中共漳卫南局党委 2017 年 9 月 20 日决定，免去闫国胜卫河河务局调研员职务，自 10 月 31 日起退休（漳人事〔2017〕56 号）。

（2）科级干部任免。

12 月 6 日，经试用期满考核合格，任命阮仕斌为卫河河务局工会副主席（正科级）、刘凌志为卫河河务局水政水资源科（水政监察支队）副科长、李海长为卫河河务局财务科副科长、关海宾为卫河河务局人事（监察审计）科副科长、张北为卫河河务局工程管理科（防汛抗旱办公室）副科长、刘彦军为浚县河务局局长、朱俊为浚县河务局副局长、孙洪涛为内黄河务局局长、段立峰为内黄河务局副局长、焦松山为南乐河务局局长；聘任李安文为后勤服务中心副主任。

经卫河局党委 2017 年 12 月 6 日研究决定，任命鲁广林为办公室（党委办公室）主任；免去查希峰办公室（党委办公室）主任职务、鲁广林办公室（党委办公室）副主任（正科级）职务。聘任姜卫华为综合事业中心副主任（主持工作，试用期一年，聘期三年）；聘任邱慧刚为综合事业中心副主任（试用期一年，聘期三年）；聘任张卫平为后勤服务中心副主任（试用期一年，聘期三年）。

（3）其他人员任免。

经试用期满考核合格，7 月 21 日任命刘丹为汤阴河务局科员。

3. 职称评定和工人技术等级考核

经海委高级工程师任职资格评审委员会评审通过，《海委关于批准高级工程师、工程师任职资格的通知》（海人事〔2017〕24 号）批准，杨利江、崔永玲、倪文战具备高级工程师任职资格。韩彦美、刘东升、姜卫华具备工程师任职资格。专业技术职务任职资格取得时间为 2017 年 5 月 4 日。

《漳卫南局关于公布、认定专业技术职务任职资格的通知》（漳人事〔2017〕52 号）认定，刘丹具备助理工程师任职资格，专业技术职务任职资格取得时间为 2017 年 7 月 1 日。

12 月 25 日，卫河局印发《关于孙继乐等专业技术岗位聘任的通知》（卫人〔2017〕99 号），聘任孙继乐为浚县河务局专业技术十级，刘阳为汤阴河务局专业技术十级，毛宁为后勤服务中心工勤技能三级，组建华为刘庄闸管理所工勤技能三级，聘任时间自 2017

年12月起，聘期三年。

4. 机构设置及调整

（1）调整防汛抗旱工作领导小组。

1）局防汛抗旱工作领导小组。

组　长：张如旭

副组长：倪文战　任俊卿　江松基　闫国胜

成　员：查希峰　段　峰　张仲收　杜立峰　杨利江　阮仕斌　关海宾　李安文　张　北　崔永玲

2）防汛抗旱办公室。

主　任：江松基

副主任：杨利江　张　北

3）防汛职能组。

①水情工情组。

组　长：崔永玲

成　员：主要由工程管理科（防办）人员组成

②物资保障组。

组　长：张仲收

成　员：主要由财务科人员组成

③宣传报道组。

组　长：查希峰

成　员：主要由办公室人员组成

④防汛动员组。

组　长：阮仕斌

成　员：主要由工会及其他人员组成

⑤防汛督察组。

组　长：关海宾

成　员：主要由监察审计科及其他人员组成

⑥法律保障组。

组　长：段　峰

成　员：主要由水政科人员组成

⑦防汛教育组。

组　长：杜立峰

成　员：主要由人事科及其他人员组成

⑧通信信息组。

组　长：姜卫华

成　员：主要由事业中心及其他人员组成

⑨后勤保障组。

组　长：李安文

成　员：主要由后勤中心人员组成

⑩顾问组。

组　长：施　梓

成　员：由退休的专家领导组成

（2）成立信访工作领导小组。

组　长：张如旭

副组长：倪文战　任俊卿　江松基　查希峰

成　员：鲁广林　段　峰　张仲收　杜立峰　关海宾　杨利江　阮仕斌　李安文

信访工作领导小组办公室设在局办公室，负责日常工作的组织开展，主任由鲁广林兼任。

（3）调整党风廉政建设工作领导小组。

组　长：张如旭

副组长：倪文战　任俊卿　江松基　查希峰

成　员：鲁广林　杜立峰　关海宾　阮仕斌

领导小组办公室设在监察审计科，负责领导小组日常工作，主任由关海宾兼任。

（4）调整精神文明建设工作领导小组。

组　　　长：张如旭

常务副组长：倪文战

副　组　长：任俊卿　江松基　查希峰　闫国胜

成　　　员：鲁广林　段　峰　张仲收　杜立峰　关海宾　杨利江　阮仕斌　李安文
　　　　　　杨利明　刘彦军　李根生　孙洪涛　耿建伟　焦松山　张新国

精神文明建设领导小组办公室（文明办）设在局办公室，人员组成如下：

主　任：鲁广林

成　员：耿建民　张卫敏　夏宇航　李佩瑶　邱会艳　耿晨乐

（5）成立推进河长制工作领导小组。

组　长：张如旭

副组长：倪文战　任俊卿　江松基　查希峰　闫国胜

成　员：鲁广林　段　峰　张仲收　杜立峰　关海宾　杨利江　阮仕斌　姜卫华
　　　　李安文　杨利明　刘彦军　李根生　孙洪涛　耿建伟　焦松山　张新国

领导小组下设办公室，办公室设在水政科，承担领导小组的日常工作，人员组成如下：

主　任：江松基

副主任：鲁广林　段　峰　杨利江

办公室下设综合组和技术组。

1）综合组。

鲁广林、段峰任组长，人员由办公室、水政科、人事科、财务科、监察科相关人员及局属各单位负责人组成。

工作职责：具体承担办公室日常工作，负责综合协调、对外联络、督察督办、会务组织、文件办理、宣传报道、信息简报和档案管理等工作，做好领导小组办公室交办的其他任务。

2）技术组。

杨利江任组长，人员由工管科、水政科及局属各单位相关人员组成。

工作职责：负责河道堤防工程情况的调查、统计上报；相关规划、方案的编制、审核；负责相关业务的指导督促和检查考核；做好领导小组办公室交办的其他任务。

（6）调整直属水政监察大队人员组成。

1）滑县水政监察大队。

大队长：杨利明

队　员：任希梅　刘东升

2）浚县水政监察大队。

大 队 长：刘彦军

副大队长：张新国

队　　员：朱　俊　周海军　陈蜀岷　霍　达　成培国　任立强　潘　科　郭玉民

3）汤阴水政监察大队。

大队长：李根生

队　员：刘　阳　刘　丹

4）内黄水政监察大队。

大队长：孙洪涛

队　员：段立峰　白红亮　王卫东

5）清丰水政监察大队。

大队长：耿建伟

队　员：王汝军　韩彦美

6）南乐水政监察大队。

大队长：焦松山

队　员：雷利军　高俊刚

7）采砂大队。

大队长：刘凌志

队　员：任立新　李佩瑶

（7）调整党建工作领导小组。

组　长：张如旭

副组长：倪文战　任俊卿　江松基　查希峰

成　员：鲁广林　段　峰　张仲收　杜立峰　关海宾　杨利江　阮仕斌　李安文
杨利明　刘彦军　李根生　孙洪涛　耿建伟　焦松山　张新国　耿建民

领导小组下设党建工作办公室，设在局办公室（党委办公室），负责局系统党建工作综合协调和领导小组日常工作。

主　任：鲁广林

成　员：邱会艳　张卫敏　夏宇航

（8）调整全面从严治党主体责任领导工作小组。

组　长：张如旭

副组长：倪文战　任俊卿　江松基　查希峰

成　员：鲁广林　杜立峰　关海宾　耿建民　杨利江　刘彦军　孙洪涛　耿建伟

领导小组办公室设在局办公室（党委办公室），负责局党委落实全面从严治党主体责任工作的统筹协调、任务分解、检查考核等职能，主任由鲁广林兼任。

（9）调整党务政务公开工作领导小组。

组　　　长：张如旭

常务副组长：倪文战

副　组　长：任俊卿　江松基　查希峰

成　　　员：鲁广林　段　峰　张仲收　杜立峰　关海宾　杨利江　阮仕斌

领导小组办公室设在局办公室（党委办公室），具体承办和负责党务政务公开日常协调工作。

主管领导：倪文战

主　　任：鲁广林

联 系 人：张卫敏

（10）调整社会主义核心价值观建设工作领导小组。

组　　　长：张如旭

常务副组长：倪文战

副　组　长：任俊卿　江松基　查希峰

成　　　员：鲁广林　段　峰　张仲收　杜立峰　关海宾　杨利江　阮仕斌　李安文　杨利明　刘彦军　李根生　孙洪涛　耿建伟　焦松山　张新国

社会主义核心价值观建设工作领导小组办公室设在局办公室（党委办公室），具体负责全局社会主义核心价值观建设工作综合协调、宣传教育和督促检查工作，人员组成如下：

主　任：鲁广林

成　员：耿建民　张卫敏　夏宇航　李佩瑶　邱会艳　耿晨乐

（11）调整“两学一做”学习教育常态化制度化领导小组。

组　长：张如旭

副组长：任俊卿

成　员：鲁广林　杜立峰　关海宾　耿建民　杨利江　刘彦军　孙洪涛　耿建伟

领导小组办公室设在局办公室（党委办公室），具体负责学习教育的综合协调、信息宣传和督导检查，主任由鲁广林兼任。

（12）调整“一创双优”活动领导小组。

组　　　长：张如旭

常务副组长：倪文战

副　组　长：任俊卿　江松基　查希峰

成　　　员：鲁广林　段　峰　张仲收　杜立峰　关海宾　杨利江　阮仕斌　李安文

领导小组下设“一创双优”活动办公室，设在监察科，具体负责“一创双优”活动和全民敬业行动的日常工作及检查督导。

主　任：任俊卿

联系人：耿晨乐

（13）调整网络文明传播志愿服务小组。

组　长：倪文战

副组长：鲁广林

成　员：张卫敏　夏宇航　刘凌志　李佩瑶　耿晨乐

（14）调整防范和处理邪教工作领导小组。

组　长：张如旭

副组长：倪文战　任俊卿　江松基　查希峰

成　员：鲁广林　段　峰　张仲收　杜立峰　关海宾　杨利江　阮仕斌　李安文
杨利明　刘彦军　李根生　孙洪涛　耿建伟　焦松山　张新国

防范和处理邪教工作领导小组办公室，设在局办公室（党委办公室），负责防范和处理邪教日常协调工作，主任由鲁广林兼任。

（15）调整职工文明诚信考核领导小组。

组　长：任俊卿

成　员：鲁广林　段　峰　张仲收　杜立峰　关海宾　杨利江　阮仕斌　李安文

职工文明诚信考核领导小组办公室，设在监察审计科，负责干部职工诚信建设和考核工作，主任由关海宾兼任。

（16）调整保密工作领导小组。

组　长：倪文战

成　员：鲁广林　张仲收　杜立峰　关海宾　杨利江　姜卫华

保密工作领导小组办公室设在局办公室，负责日常工作的组织开展，主任由鲁广林兼任。

（17）调整计划生育工作领导小组。

组　长：张如旭

副组长：倪文战

成　员：鲁广林　杜立峰　关海宾　阮仕斌　张卫敏

计划生育工作领导小组办公室设在局办公室，负责日常工作的组织开展，主任由张卫敏兼任。

（18）调整档案规范化管理工作领导小组。

组　长：倪文战

成　员：鲁广林　张仲收　杜立峰　杨利江

档案规范化管理工作领导小组办公室设在局办公室，负责局机关档案规范化管理日常工作和局属各单位档案规范化建设督促指导工作，主任由鲁广林兼任。

（19）调整档案工作突发事件应急处置领导小组。

总 指 挥：倪文战

副总指挥：查希峰

成　　员：鲁广林　张仲收　杜立峰　杨利江　李安文

档案工作突发事件应急处置领导小组办公室设在局办公室，负责局档案工作突发事件处置指导工作。

（20）调整普法工作领导小组。

组　长：江松基

成　员：鲁广林　段　峰　张仲收　杜立峰　关海宾　杨利江　阮仕斌　李安文　杨利明　刘彦军　李根生　孙洪涛　耿建伟　焦松山　张新国

普法工作领导小组办公室设在水政科，负责日常工作的组织开展，主任由段峰兼任。

（21）调整学法用法领导小组。

组　长：江松基

副组长：段　峰

成　员：刘凌志　关海宾　杨利明　刘彦军　李根生　孙洪涛　耿建伟　焦松山　张新国

领导小组下设办公室，设在水政科，主任由段峰兼任。

（22）调整公务用车制度改革领导小组。

组　长：张如旭

副组长：倪文战　查希峰

成　员：鲁广林　张仲收　杜立峰　李安文

领导小组下设办公室，承担领导小组的日常工作，主任由查希峰兼任，副主任由张仲收、李安文兼任。

（23）调整预算编制领导小组。

组　长：张如旭

副组长：倪文战　任俊卿　江松基　查希峰

成　员：鲁广林　段　峰　张仲收　杜立峰　杨利江　李安文

领导小组下设办公室，设在财务科，承担领导小组日常工作。

主　任：张仲收

成　员：刘凌志　李海长　邱会艳　张　北

（24）调整内部控制建设领导小组。

组　长：张如旭

副组长：倪文战　任俊卿　江松基　查希峰

成　员：鲁广林　张仲收　杜立峰　关海宾　杨利江

领导小组下设办公室，设在财务科，承担领导小组的日常工作，主任由张仲收兼任。

（25）调整合同管理工作领导小组。

组　长：张如旭

副组长：江松基　查希峰

成　员：段　峰　张仲收　关海宾　杨利江　杨利明　刘彦军　李根生　孙洪涛　耿建伟　焦松山　张新国

领导小组下设办公室，设在财务科，具体负责领导小组日常工作。

主　任：张仲收

成　员：张卫敏　李海长　关海宾

（26）调整水利工程日常管理检查考核小组。

组　长：江松基

成　员：杨利江　张　北　朱　旭　崔永玲　刘　佳

（27）调整安全生产工作领导小组。

组　长：张如旭

副组长：江松基

成　员：鲁广林　段　峰　张仲收　杜立峰　关海宾　杨利江　阮仕斌　李安文

安全生产工作领导小组下设办公室，设在工管科，具体承办领导小组的日常工作，主任由杨利江兼任。

（28）调整安全生产标准化建设工作领导小组。

组　长：江松基

副组长：杨利江　张　北

成　员：李安文　杨利明　刘彦军　李根生　孙洪涛　耿建伟　焦松山　张新国

安全生产标准化建设工作领导小组办公室，设在工管科，主任由杨利江兼任。

（29）调整安全事故应急救援指挥部。

总 指 挥：张如旭

副总指挥：倪文战　任俊卿　江松基　查希峰

成员单位为局属各单位、机关各部门。应急救援指挥部下设综合协调组、安全保卫组、新闻报道组、灾害救援组、医疗救护组、后勤保障组、事故调查组、技术组、善后处理组 9 个专业处置组，具体承担事故救援和处置工作。

（30）调整度汛应急及水毁项目管理领导小组。

组　长：江松基

成　员：鲁广林　张仲收　杨利江　张　北

度汛应急及水毁项目管理领导小组办公室设在工管科（防办），负责度汛应急工程、水雨毁工程、防汛物资储备及其他临时性建设项目的管理，主任由杨利江兼任。

（31）调整反恐怖工作领导小组。

组　长：张如旭

副组长：江松基

成　员：鲁广林　段　峰　张仲收　杜立峰　关海宾　杨利江　阮仕斌　李安文
　　　　杨利明　刘彦军　李根生　孙洪涛　耿建伟　焦松山　张新国

反恐怖工作领导小组办公室设在工管科（防办），负责日常工作的组织开展，主任由杨利江兼任。

（32）调整经济发展工作领导小组。

组　长：张如旭

副组长：查希峰

成　员：鲁广林　段　峰　张仲收　杨利江　杨利明　刘彦军　李根生　孙洪涛
　　　　耿建伟　焦松山　张新国

领导小组下设办公室，设在综合事业中心，具体负责经济建设日常工作。

主　任：查希峰

成　员：张卫敏　刘凌志　李海长　张　北　刘洪亮　张倩倩

（33）调整绿化经营工作领导小组。

组　长：查希峰

成　员：张仲收　杨利江　杨利明　刘彦军　李根生　孙洪涛　耿建伟　焦松山
张新国

领导小组下设办公室，设在综合事业中心，具体负责堤防绿化经营日常工作。

（34）调整网络与信息安全工作领导小组。

组　长：查希峰

副组长：鲁广林

网络与信息安全工作领导小组办公室设在综合事业中心（信息中心），负责日常工作的组织开展，人员组成如下：

主　任：查希峰

成　员：姜卫华　张卫敏　刘凌志　李海长　邱会艳　张　北　刘洪亮　李　曼
任立强　潘　科　刘　阳　李卫平　王汝军

（35）调整社会治安综合治理领导小组。

组　长：倪文战

副组长：查希峰

成　员：鲁广林　杜立峰　关海宾　阮仕斌　李安文

社会治安综合治理领导小组办公室设在后勤服务中心，负责日常工作的组织开展，主任由李安文兼任。

（36）调整爱国卫生运动委员会。

主　任：查希峰

成　员：鲁广林　段　峰　张仲收　杜立峰　关海宾　杨利江　阮仕斌　李安文

爱国卫生运动委员会办公室设在后勤服务中心，负责日常工作的组织开展，主任由李安文兼任。

（37）调整平安建设工作领导小组。

组　长：张如旭

副组长：倪文战　查希峰

成　员：鲁广林　段　峰　张仲收　杜立峰　关海宾　杨利江　阮仕斌　李安文

领导小组办公室设在后勤服务中心，负责日常工作的组织开展，主任由李安文兼任。

（38）调整民事调解、普法帮教工作领导小组。

组　长：任俊卿

成　员：段　峰　关海宾　阮仕斌　李安文

领导小组下设办公室，设在工会，负责领导小组的日常工作。

主　任：阮仕斌

成　员：刘凌志　任立新　邱慧艳　耿晨乐

（39）调整消防、安全保卫工作领导小组。

组　长：查希峰

成　员：鲁广林　段　峰　张仲收　杜立峰　关海宾　杨利江　阮仕斌　李安文

领导小组办公室设在后勤服务中心，负责日常工作的组织开展，主任由李安文兼任。

（40）调整机关环境建设规划领导小组。

组　长：查希峰

成　员：鲁广林　张仲收　杨利江　阮仕斌　李安文

领导小组日常办事机构设在后勤中心，负责机关院落总体规划和设计、基础设施建设规划设计、绿化总体规划及卫生管理和督查。

（41）调整节能减排工作领导小组。

组　长：查希峰

成　员：鲁广林　段　峰　张仲收　杜立峰　关海宾　杨利江　阮仕斌　李安文

节能减排工作领导小组办公室设在后勤服务中心，负责节能减排监督管理、节能制度和节能措施的组织实施、能耗统计等具体工作。

5. 考核及奖惩

卫河河务局机关 2017 年继续保持河南省文明单位、卫生先进单位称号。

1 月 19 日，漳卫南局印发《关于表彰 2016 年度工程管理先进单位和先进水管单位的决定》（漳建管〔2017〕5 号），授予汤阴河务局“2016 年度工程管理先进水管单位”荣誉称号。

2 月 7 日，漳卫南局印发《关于公布局属各单位、德州水电集团公司 2016 年度处级考核优秀结果的通知》（漳人事〔2017〕5 号），尹法年度考核确定为优秀等次并嘉奖一次，李靖、张如旭连续三年考核被确定为优秀等次，记三等功一次。

2 月 9 日，根据综合考评和民主评议，经局长办公会研究，滑县河务局、浚县河务局被评为“卫河河务局 2016 年度先进单位”；办公室、工管科被评为“卫河河务局 2016 年度先进集体”；南乐河务局、汤阴河务局被评为“2016 年度水利工程管理先进单位”。

2 月 9 日，经民主评议和考核委员会审定，2016 年度参照公务员法管理优秀等次人员：尹法、李靖、张如旭、查希峰、段峰、杨利明、鲁广林、李海长、张卫敏、吴黎红、吉利敏；李靖、张如旭、查希峰连续三年被定为优秀等次，记三等功一次。事业人员优秀等次：李安文、姜卫华、邱慧刚、刘东升。

3 月 28 日，中共濮阳市委市直机关工委印发《关于表彰 2016 年度先进基层党组织的决定》（濮直工〔2017〕14 号），表彰卫河河务局第一党支部为“2016 年度先进党支部”。

6. 教育培训

按照安排，先后举办工会相关知识、财务管理、社会保险知识、安全生产、防汛抢险知识、工程资料整理、水行政执法、水资源管理与保护、文明礼仪知识、文化大讲堂等 11 个培训班，培训 512 人次；按照卫河局党委的要求，增办十九大精神学习中心组学习（扩大）培训班、保密知识培训班和廉政文化教育培训 3 期培训班，培训 150 人次；组织参加“世界水日”“中国水周”“全面推行河长制”“学习贯彻十九大精神、维护宪法权威”知识答题等网络学习班 3 个；各基层党支部按照要求多次组织集体学习。

【综合管理】

深入推进目标管理工作，加强日常督查和考核。规范公文行为，加强会议管理和政务信息宣传。进一步完善各项规章制度，积极推进工作平台建设。成立信访工作领导小组，印发《信访工作办法》，针对信访热点、难点问题认真进行排查，全力做好十九大期间的信访维稳工作。

完成 2016 年度银行账户年检、部门决算、汛期房屋维修经费安排和 2018 年度部门预算“一上”“二上”的编报工作。统筹安排谋划全年各阶段的财政资金支付，每季度进行督导检查。对各种经济合同进行审核把关，跟踪督导执行情况。

【安全生产】

层层落实安全生产责任，实行安全生产月报制度，形成“横向到边、纵向到底”的安全生产目标管理责任体系。开展安全生产标准化建设，加强安全生产应急管理，补充完善安全生产制度，及时修订安全生产应急预案并进行演练。完成安全生产信息网报工作，实现安全生产的常规化和制度化。5 月，开展安全生产大检查。6 月，开展“安全生产月”活动。6 月 14 日，组织召开卫河局 2017 年安全生产工作会议，开展 2017 年安全生产培训和消防知识培训。全年安全生产无事故。

【党群工作与精神文明建设】

1. 党群工作

把党建工作列入重要议事日程，纳入单位目标管理并进行年终考核。制定印发《全面从严治党主体责任清单和 2017 年工作台账》，明确党委书记抓党建的“第一”责任。制定党委中心组（扩大）学习计划，每月分专题进行理论学习。集中观看党的十九大开幕式，党委中心组和各党支部先后组织进行了专题学习，举办党委中心组（扩大）党的十九大精神学习班。制定印发《2017 年党组织建设工作计划》，制定落实《党员活动室标准化实施方案》。严肃党内组织生活，以制度化形式规范每月“党员主题活动日”的时间、流程、内容。制定印发《推进“两学一做”学习教育常态化制度化实施方案》，推动“两学一做”学习教育的深入开展。开展“双报到、双服务”活动，与社区党组织进行共建，组织党员深入社区开展“周末奉献日”、清洁美丽家园、红色商圈孵化行动等活动，制作社区报到记录卡，对党员志愿服务进行痕迹化、规范化管理。6 月底，组织开展“庆七一、喜迎十九大”系列活动。认真落实漳卫南局《关于进一步加强青年工作的意见》，成立“共青团卫河河务局委员会”。

2. 精神文明建设

制定《卫河河务局 2017 年精神文明建设计划》，明确各部门创建工作职责。组织开展迎“五一”职工运动会，“庆七一、喜迎十九大”和“我们的节日”等活动。开展文明创建活动进科室、进家庭、进工地活动。积极参加社会公益事业，开展献爱心和“慈善一日捐”活动。积极开展文明单位“社区奉献园”，开展文明交通、清洁家园、“文明入户”等活动。2017 年，通过省级文明单位复检，继续保持“省级文明单位”称号。

【党风廉政建设】

1. 廉政学习教育

5 月 4 日，开展“一准则一条例一规则”专题集中学习活动。先后组织全体党员干部集中观看廉政文化教育片《简说王阳明心学》《沉沦》《无路可逃》《从党章看中国共产党成功之道》和《警醒》等。9月5日，参观濮阳市警示教育基地。10月17日，组织党员干部观看廉政电影《兴衰之鉴》。充分利用宣传标语、宣传栏、办公楼大厅电子屏和微信平台等载体，广泛开展廉政文化宣传活动。元旦、春节、五一、十一和中秋节前，分别召开廉政恳谈会。

2. 廉政制度体系建设

2月14日，召开2017年党风廉政建设工作会议，对党风廉政工作进行全面部署。制定并落实《卫河河务局2017年党风廉政建设和反腐败工作实施意见》《卫河河务局2017年党风廉政建设考核指标体系》和《卫河局党委落实全面从严治党主体责任清单及2017年工作台账》。

3. 党风廉政建设责任体系

单位主要领导与班子成员签订党风廉政建设承诺书、与基层负责人和科室负责人签订全面落实从严治党主体责任责任书，党委成员与分管部门和联系单位负责人签订党风廉政建设承诺书；明确主体责任和监督责任，强调主要领导作为党风廉政建设“第一责任人”，对党风廉政建设重要工作要亲自部署、亲自检查、亲自督办。局属各单位、机关各部门负责人也分别与职工签订《岗位廉政责任书》，做到党风廉政建设工作全覆盖。7月5—6日，对7个基层单位2017年上半年党风廉政建设和反腐败工作开展情况进行专项督导检查，并对局属各单位负责人进行了廉政约谈。

4. 廉政风险防控

按照民主集中制原则，落实“三重一大”事项决策程序。制定并落实《卫河河务局党委会议事规则》，明确“三重一大”事项的范围、决策程序及议事规则，强调“党委办公室、纪检部门负责人列席党委会”。

5. 廉政约谈

1月5日，召开2017年春节前廉政恳谈会，主要领导对科级以上干部进行廉政提醒约谈；7月5—6日，对基层单位负责人进行廉政约谈；8月28日，对副科级以上干部进行廉政约谈。领导班子成员分别对分管科室和联系单位负责人进行廉政约谈。

邯 郸 河 务 局

【工程管理】

1. 养护管理

调整“邯郸局维修养护考核组”“日常维修养护工作组”和“专项维修养护工作组”的人员构成，明确各小组工作职责。继续落实维修养护工作的三级检查考核，充分发挥各级考核的作用。4月，召开工程管理专题会，落实漳卫南局2017年工程管理工作要点任务。年底前完成堤防物业化管理165.5km。

2017年11月中旬全部专项工程完工。共完成专项维修养护工程6处，总投资449.75

万元。

馆陶河务局荣获漳卫南局“2017 年度工程管理先进水管单位”荣誉称号。

2. 堤防绿化

2 月 20 日，召开绿化工作专题会，对春季植树工作进行了安排和部署。全局共植杨树 36610 棵，柳树 3160 棵，国槐 1030 棵，培育杨苗木 10 万棵。3 月，对全局 2017 年春季植树情况进行了检查，撰写 2017 年绿化总结并上报。

3. 漳河无堤段划界工作

完成无堤段（岳城水库至京广铁路桥）划界埋桩工作。3 月，成立漳河无堤段划界工作小组。与河北地理信息技术有限责任公司签订测绘合同后，5 月，完成了测绘工作。5 月底，与邯郸市天河水利工程有限公司签订界桩制安施工合同。完成划界范围土地测量 42000 亩，制作并安装界桩 280 根、标识牌 14 块。

4. 涉河项目排查

认真落实《海委办公室转发水利部办公厅关于开展堤防工程管理和保护范围内建设项目和活动排查整治的通知》（办建管〔2017〕1 号）文件精神，组织召开专题会议，安排工作任务。2017 年 1 月 10—17 日，对邯郸局所辖漳河、卫河、卫运河 328km 堤防及保护范围进行了排查，形成《管理和保护范围活动排查情况统计表》，并上报。

按照相关要求对排查中发现的问题进行整改：封堵机井 2 眼，拆除变压器房 1 座、拆除养鸡房 1 处，签订穿堤建筑物防汛责任状，制订清障方案，清除部分滩地树障，统计工情险情申报整修项目，查处违法采砂等。

5. 堤防违章清理

按照漳卫南局《关于进一步规范堤防工程绿化工作的通知》的文件精神，邯郸局于年初进行了重点安排部署，在进行堤防绿化的同时，对违章种植进行了详细的排查统计。汛期，召开违章清理专题会议，安排部署有关单位大力开展河道堤防违章和垃圾清理专项活动。全局清除树障 8 万余棵；拆除违章建房 3.6 万 m^2，特别是卫河营镇、赵站存在的 30 年的两处侵占堤顶建房的市场得到彻底清除。

【防汛工作】

1. 汛前准备

3 月，重新清点和登记防汛物料，重点检查防汛仓库。明确防汛物料运输路线，为抗洪抢险做好准备工作。

6 月上旬，与邯郸市防指漳卫运河河系组对漳卫运河防汛工作进行联合检查，并召开防汛工作座谈会。组织技术人员对堤防隐患、险工险段、穿堤建筑物、阻水障碍、常备物料等进行重点检查，并将检查出的问题以《邯郸河务局 2017 年汛前检查报告》报漳卫南局及邯郸市防指，重新修订完善《漳卫河防洪预案》，为邯郸市防指当好技术参谋。

6 月 20 日，召开防汛工作会议，对防汛工作及时进行动员安排。调整防汛组织机构，明确防汛工作职责，实行领导包河责任制，成立防汛职能组，实行业务骨干及各县局职工包堤段、包险工等责任制。

2. 防汛值班

开展防办规范化建设，防汛办公室办公设备齐全，工程图标、重要制度上墙。防汛值班实行领导带班和职能组人员值班相结合，各职能组值班岗位要保证 24 小时在岗，保证电话及传真机畅通，按时报告、请示、传达重大汛情及灾情，严禁离岗、脱岗现象。

3. 防汛知识培训

7 月 6 日，举办防汛知识培训班，对全局技术干部进行培训。

4. 雨毁修复

雨毁发生后，邯郸局及时对严重影响堤防安全水沟浪窝等进行恢复，对堤顶路面进行填垫，保持了工程的防洪能力。经统计完成堤顶道路修复 103km，平垫堤坡水沟浪窝达 2000 多条，动用土方 9307m^3，钢渣 3602m^3。

5. 应急度汛工程

成立防汛设施应急修复项目建设管理办公室，及时委托招标代理公司按照相关规定进行招标，确定施工队伍，同时委托监理单位进行施工过程的建设管理。5 月，完成工程项目的招标工作，7 月中旬全部完工。

6. 河道清障

大名河务局与县水利局、县防指等部门共同研究制定河道清障工作方案，对漳河、卫河河道内的次生林和遗留树障进行强制清除，累计清除树障 7 万余棵。馆陶河务局与地方水利局联合对河道内阻水树木进行清除，共清除树障 66.67 公顷。

7. 通信管理

制定邯郸局信息系统管理办法、邯郸局机房管理制度等。对局机关机房及四县局机房进行摸底检查，对存在的问题进行梳理整改，局机关机房达到漳卫南信息系统管理标准。

对临漳部分站点采砂监控视频系统的摄像头进行了更换，对部分站点的电源模块及摄像头进行维修和更换；对机关视频会商进行检修，并更换部分配件。

【水政水资源管理】

1. 水法规宣传

积极组织开展“世界水日”“中国水周”宣传活动。局机关和各县局在街道和沿河乡镇张贴主题宣传画和标语，在显要位置悬挂大型横幅，各县局在重要路口设立咨询站、宣传站进行水法律法规宣传，为咨询群众解答涉及河道管理的有关问题。

2. 水行政执法

3 月 22 日，邯郸局联合地方政府开展了严厉打击漳河非法采砂的专项活动，彻底摧毁非法砂石加工企业 7 家，拆除变电机房 7 处，捣毁非法经营违章建房 70 余间，切割、拆除筛选和传送装置 8 套。

6 月 8 日，大名河务局联合大名县交通局、公安局、法院等有关部门开展依法拆除堤防违章建筑行动。本次行动出动执法人员 10 名，铲车 1 辆，运输车 2 辆，拆除违章建筑面积 40 余 m^2。

6 月 28 日，邯郸河务局、河北漳河经济开发区管委会、河南省安阳市殷都区人民政府联合下发《关于进一步整治非法采砂行为的通告》。

7月12日，邯郸局借助推行河长制的有利时机，积极与临漳县人民政府沟通，共同研究推进打击漳河非法采砂工作，制定《开展打击违法采砂联合执法行动实施方案》，与临漳县政府、公安、沿河各乡镇组成联合执法队，开展打击漳河非法采砂执法行动。此次联合执法出动执法人员110多名、执法车辆20余辆、铲车2辆、切割机2台、运输车1辆，取缔违法采砂场8处、拆除采砂场违章建筑5处、拆除大型采砂加工设备1台，有效打击和震慑了临漳县境内漳河非法采砂行为。

10月20日，邯郸局联合河南省安阳市殷都区人民政府、漳河经济开发区管委会、河北省磁县人民政府和有关部门开展打击漳河违法采砂执法行动。此次行动出动水利、公安、环保、国土、电力等十余部门执法人员160余名、行政执法车辆10余辆，取缔违法采砂场6处，拆除违章房屋6间，封存大型设备3套，暂扣大型挖掘机3台。

【人事管理】

1. 人员变动

根据工作需要，招录公务员2人（王兆康、叶萌佳），招聘事业人员2人（刘晓青、张轶非），退休1人（纪相朝）。

2. 干部任免

2017年1月11日，根据工作需要，任命：冯文涛为邯郸河务局办公室（党委办公室）主任，试用期一年；吕海涛为邯郸河务局财务科科长，试用期一年；刘龙龙为邯郸河务局办公室（党委办公室）副主任，试用期一年；苏伟强为馆陶河务局副主任科员；刘庆斌为临漳河务局副主任科员。

聘用：闫永强为邯郸河务局综合事业管理中心主任，试用期一年；孟庆黎为邯郸河务局综合事业管理中心副主任，试用期一年；黄启芳为邯郸河务局后勤服务中心副主任，试用期一年。

免去：刘亚峰邯郸河务局办公室（党委办公室）主任职务；冯文涛邯郸河务局办公室（党委办公室）副主任职务；吕海涛邯郸河务局财务科副科长职务。

解除聘用：闫永强邯郸河务局综合事业管理中心副主任职务。

7月26日，漳卫南局任命刘亚峰为邯郸河务局副局长，免去其邯郸河务局副调研员职务。

8月8日，经研究决定，任命：黄启勇为邯郸河务局水政水资源科主任科员；王晓卫为邯郸河务局水政水资源副科长，试用期一年；闫培培为邯郸河务局人事（监察审计）科副科长，试用期一年；汪宏峰为邯郸河务局财务科副科长；陈志强为魏县河务局副主任科员。

免去：黄启勇邯郸河务局水政水资源科副科长职务；汪宏峰邯郸河务局人事（监察审计）科副科长职务。

【财务管理】

2月20日，财政部驻河北省监察专员办事处对我局近年决算情况进行检查，邯郸局顺利通过检查验收。

6月7日，漳卫南局审计组到邯郸局对近年津补贴发放情况进行了为期两天的专项审计。邯郸局对审计组提出的意见及时进行整改，特别是对发放手续不完善的几笔津补贴支出认真核实并补充了相关手续和资料。

6月27日，参加财政部驻河北省监察专员办事处在石家庄工会大厦召开的部门预算编制布置会。专员办高度重视2014—2015年参公人员规范津补贴河北省财政未批的问题，要求漳卫南局河北区四家单位共同写书面情况汇报，由专员办向财政部反映咨询。

10月16日，邯郸局主要领导和财务负责人到石家庄与专员办协商公车改革相关工作。在12月前上报公车改革方案、节支测算表、车辆情况表等相关材料，并顺利通过了专员办审批。

【经济工作】

加大土地开发力度，以馆陶河务局土地开发为试点，共开发土地40余亩，育苗10万余棵（杨树、国槐），成活率达到95%以上。

制定《邯郸河务局树木更新采伐管理办法》，对各县局新栽树木进行检查，督促合同签订工作。

与魏县水利局签订《水资源利用合作协议》，2017年8月3日，魏县水利局经报魏县政府批准后按照取水协议向邯郸局缴纳2017年水费。

经与大名县水利局协商，大名县水利局自筹资金向邯郸局缴纳2017年水费，目前正积极争取将水费列入县财政预算。

向馆陶县水利局送达《关于尽快缴纳卫运河取水水费的函》，并督促馆陶县水利局尽快将卫运河取水水费列入该县财政预算中。

【安全生产】

在年初召开的工作会上，对安全生产工作进行强调和部署，并与四县局和相关科室签订2017年度安全生产责任书。

调整安全生产组织机构，成立以局长为组长的安全生产工作领导小组和由工管科、办公室、后勤中心负责人组成的安全生产办公室，并明确安全生产领导小组及安全生产办公室的工作职责。制定《邯郸河务局2017年安全生产工作要点》《邯郸局关于印发水利安全生产大检查实施方案的通知》，并印发全局。下发《关于加强春节和河道供水期间安全生产工作的通知》，对春节和供水期间的安全生产工作进行了安排部署。以“全面落实企业安全生产主体责任”为主题，召开“安全生产月”宣传活动动员会。局属各单位结合实际，制定切实可行的“安全生产月”宣传活动实施方案。6月14日，举办安全生产培训班，邀请水利部机电研究所的杨泽明所长做了题为“安全生产基础培训”的知识讲座。6月下旬，组织观看《坚守安全红线》《致命的有限空间》等警示教育录像。汛前进行水利工程安全生产大检查，7—10月组织开展各项安全生产检查，并进行总结上报。

【党群工作及精神文明建设】

开展庆祝建党96周年主题系列活动、迎“七一”主题实践活动，全面推进“两学一做”学习教育常态化；先后印发《关于推进“两学一做”学习常态化制度化实施方案》《邯郸局党委理论学习中心组学习实施细则》《2017年邯郸局党委中心组学习计划》；局党委、各支部积极开展“书记讲党课”、批评与自我批评、专题组织生活会和民主评议。

10 月 18 日上午 9 时，邯郸局机关及基层单位全体干部职工通过电视、网络、广播等方式收听收看十九大开幕式。

10 月 31 日，邯郸河务局召开专题学习会，学习贯彻党的十九大精神，传达学习邯郸市委印发的《学习宣传贯彻党的十九大精神工作方案》，结合工作实际，研究部署贯彻落实工作。

12 月 7 日，邯郸局举办党的十九大精神学习班，该局全体职工参加学习。

举办道德大讲堂，邀请知名专家系统讲解社会主义核心价值观的内容、意义。组织学习《邯郸局职工文明手册》，加强文明志愿者服务队和网络文明志愿者队伍的管理和引导。组织开展多项业余文体活动，陶冶职工情操。2017 年 8 月，邯郸河务局被授予“河北省文明单位”光荣称号。

【党风廉政建设】

召开 2017 年度邯郸局党风廉政建设工作会议，把党风廉政建设纳入单位总体布局。与各县局和机关各部门主要负责人签订 2017 年《党风廉政建设承诺书》，制定《邯郸局党委成员 2017 年度落实党风廉政建设主体责任清单》，认真落实“一岗双责”。

2017 年 9 月 11 日，经中共邯郸局党委研究，决定将原机关三个支部委员会调整为两个，分别是：中共水利部海委漳卫南运河管理局邯郸河务局一支部委员会，中共水利部海委漳卫南运河管理局邯郸河务局二支部委员会；保留中共水利部海委漳卫南运河管理局邯郸河务局临漳魏县支部委员会、大名馆陶支部委员会。

印发《邯郸局纪检监察部门 2017 年度落实党风廉政建设监督责任清单》，签订《落实全面从严治党主体责任责任书》；按照漳卫南局监察处要求，定期报送《关于纪律审查和党风政风监督信息统计报告》；落实中央八项规定精神，开展关于防治“吃空饷”问题长效机制建立情况的专项督查、贯彻执行中央八项规定精神的情况自查以及关于公款购买消费高档白酒问题的排查整治等一系列工作。

制定《邯郸局水利工程建设与管理廉政风险防控责任清单》《2017 年邯郸局党风廉政建设和反腐败工作实施细则》。组织廉政集体约谈、干部廉政谈话，开展反腐倡廉“警示教育月”等廉政警示教育活动。

聊 城 河 务 局

【工程建设与管理】

1. 工程管理

2017 年 6 月 9—10 日，海委对临清河务局水利工程运行管理情况进行了督查，临清局对反馈问题积极整改并形成报告报海委和漳卫南局备案复查。2017 年，聊城局被漳卫南局评为“工程管理先进单位”荣誉称号，冠县局、临清局被评为“先进水管单位”。

2. 工程维修养护

2017 年 3 月，制定完成《2017 年维修养护实施方案》。聊城局下属冠县、临清河务局和穿卫枢组管理所三个水管单位通过 2017 年水利工程日常维修养护项目验收，验收结论为合格。

3. 堤防绿化

2017 年，全年累计种植高杆绿林 10.5 万棵，栽、补植或维护堤防生物草皮 223300m²。

4. 卫运河治理

2017 年，完成病险穿涵拆除 7 座，新建或翻建穿涵 3 座，硬化堤顶路面 27.04km，加高培厚堤防 9.44km，翻建或加固护险工程 4 处。

【水政水资源管理】

1. 水法规宣传教育

按普法计划安排，在第二十五届“世界水日”、第三十届“中国水周”期间组织开展宣传纪念活动，出动宣传车 2 辆，在沿河堤防及建筑物悬挂宣传条幅 10 条，张贴宣传标语 100 多条、宣传画 50 余份，散发传单 2000 余张，在临清城区广场设立的水法宣传咨询站。活动期间组织职工观看了水资源公益广告片《保护河湖，从你我做起》，并就“落实绿色发展理念，全面推行河长制”进行座谈，同时还在微信群和 QQ 群进行水资源公益广告片的转发，在机关电子屏上滚动播出水法宣传的通知和宣传口号。3—10 月组织职工参加水利部和海委组织的“落实绿色发展理念，全面推行河长制”网络知识答题活动。

2. 水行政执法与队伍建设

2017 年 6 月 10 日，成立以张华局长为组长的河湖执法检查工作领导小组，组织开展年度河湖执法专项检查，严格执行水行政执法巡查制度，着重加强河道浮桥管理。2 月 27 日，对后纸房村卫运河滩地内违法木炭焚烧窑进行了依法强制拆除。2017 年，共拆除河道浮桥 4 座、违法场地 300m²、违章建筑 3000 余平方米。

3. 水资源管理与保护

开展取水口调查，完成取水口门取水月报与取水许可证延期申报工作。收集整理临清水文站每日水文数据，每月按时上报水政处。开展所辖河道入河排污口水质水量监测工作。特别是在引岳济沧济衡期间，对沿河的取水口和排污口每天进行了巡查及监督管理工作，并将巡查情况及时上报。

4. 全面推进河长制工作

为贯彻落实中共中央办公厅、国务院办公厅《关于全面推进河长制的意见》和部、委、局以及山东省、聊城市全面推进河长制的工作部署，聊城局积极推进河长制相关工作。2017 年汛前，临清、冠县河务局针对河道树障问题分别向两县市防指做了专题报告。7 月上旬，结合河长制工作开展河道树障的调查摸底工作并上报，为《漳卫南运河 2017—2020 年综合整治方案》的编制工作提供相关数据和资料，聊城局所辖河道内列入“清河行动”的各类阻水障碍和违章建筑共有 195 处，拆除房屋 5 座，养殖场 1 座，清除树障 2000m²。

【防汛抗旱】

1. 防汛备汛

落实防汛责任制，主持与沿河县市签订《防汛责任书》，认真做好汛前检查，组织巡堤查险，完善防洪预案。5月26日，冠县河务局联合冠县武装部、冠县水务局举行防汛实战演练，沿漳卫河的北陶镇、东古城镇、斜店乡180名基干民兵参加了实战演练。成立防汛组织机构明确防汛责任分工。参加漳卫南局防汛工作视频会议，召开聊城局防汛抗旱工作会，部署2017年防汛工作。成立聊城河务局2017年防汛抢险专业技术队伍。加强汛期值班和雨水情测报工作。2017年汛期累计拆除浮桥8座，清理滩地片林226多公顷，完成汛后检查及工程普查工作，修复雨毁工程。

2. 跨流域水资源调度

开展水费核算工作，配合局综合事业处完成了穿卫枢纽引黄入冀水价调整工作。落实跨流域调水管理责任，完善输水管理和水文测验制度，由专职人员负责落实；对穿卫枢纽工程设施、机电设施以及测流设施进行检查维护。上报水情信息。2017年4月14日11时至4月28日8时圆满完成了2017年度引黄济冀应急输水任务，历时15天，输水0.53亿m^3。

【人事管理】

1. 干部选拔任用

（1）处级干部任免。

4月17日，经漳卫南局党委研究决定，任命张君为聊城河务局副局长（试用期一年），张斌为德州河务局副局长（试用期一年）。

（2）科级干部任免。

7月5日，经试用期满考核合格，任命李飞为聊城河务局科员。9月29日，任命苏向农为聊城河务局办公室副主任（试用期一年），免去苏向农聊城河务局办公室副主任科员职务；杨爱芹为聊城河务局财务科副科长（试用期一年）；霍航斌为临清河务局局长（试用期一年），免去霍航斌临清河务局副局长职务。

2. 考核奖惩

1月19日，漳卫南局印发《漳卫南局关于表彰2016年度工程管理先进单位和先进水管单位的决定》（漳建管〔2017〕5号），授予聊城河务局“2016年度工程管理先进单位”荣誉称号，授予冠县、临清河务局“2016年度先进水管单位”荣誉称号。

2月3日，漳卫南局印发《关于公布局属各单位、德州水电集团公司2016年度处级考核优秀结果的通知》（漳人事〔2017〕5号）文件，张华、魏强年度考核确定为优秀等次并嘉奖一次。

1月12日，经聊城局党委研究，确定张华、张君、张斌、迟世庆为“2016年度参照公务员法管理人员优秀职工”，确定迟瑞雪、徐立彦、许晖、赵庆阁为“2016年度事业人员优秀职工”。

2月10日，根据年终目标管理考核意见，经局长办公会议研究，授予冠县河务局“聊城河务局2016年度先进单位”荣誉称号，授予水政科、工程科“聊城河务局2016年度先进集体”荣誉称号。

3. 教育培训

聊城局全年组织理论学习40余次。我局所有干部均在“中国水利教育培训网站”上开通了网络教育培训，均达到教育培训学时。2017年，举办防汛抢险培训班、水行政执法培训班等培训教育 4 期，组织职工参加上级和地方举办的水政、公务员能力等培训教育，培训达 50 人次。

4. 机构设置与调整

（1）6 月 8 日，调整聊城局防汛组织机构。

组　长：张　华

成　员：魏　强　张　君　王玉哲　吴怀礼　彭士奎　曹　祎　霍航斌　迟世庆

实行包河、包闸责任制，张华对全局防汛抗旱工作负总责；魏强包冠县局所属河段的防汛工作，张春华、司秀林协助；张君包临清局所属河段的防汛工作，孙连根、徐立彦协助；王玉哲包穿卫枢组管理所的防汛工作，郭爱民、郝一军协助。

同时实行防汛技术责任制，吴怀礼对全局防汛技术负总责。

成立局防汛抗旱办公室，办公地点设在局工程科，处理日常工作，吴怀礼任主任。张春华、孙连根、郭爱民、苏文静、苏向农、郝一军、司秀林、迟瑞雪为成员。

防汛办公室内置职能组：

1）工情组。

组　长：郝一军

成　员：范宪煜　王琳琳

2）水情组。

组　长：张春华

成　员：王春祥　张　蕊

3）物资组。

组　长：苏文静

成　员：张保兰　杨爱芹

4）通信组。

组　长：迟瑞雪

成　员：梁　红　周艳君

5）宣传组。

组　长：苏向农

成　员：张　玮　李　飞

6）后勤组。

组　长：司秀林

成　员：徐立彦　刘德庆

7）综合组。

组　长：孙连根

成　员：王立云

8）安全组。

组　长：郭爱民

成　员：刘德静

（2）6 月 10 日，成立河湖执法检查活动领导小组。

组　长：张　华

副组长：张　君

成　员：张春华　郝一军　曹　祎　霍航斌　迟世庆

领导小组办公室设在水政科，负责河湖执法检查活动日常监督检查工作，办公室主任由水政科长张春华兼任。

（3）9月12日，调整公务用车制度改革领导小组。

组　长：张　华

副组长：魏　强　张　君

成　员：苏向农　杨爱芹　孙连根　刘玉俊　司秀林

领导小组下设办公室，承担领导小组的日常工作。办公室设在财务科，主任由杨爱芹兼任，副主任由司秀林兼任。

（4）9月18日，成立推进河长制工作领导小组。

组　长：张　华

副组长：魏　强　张　君　吴怀礼　王玉哲　彭士奎

成　员：苏向农　张春华　杨爱芹　孙连根　郝一军　郭爱民　迟瑞雪　司秀林
　　　　曹　祎　霍航斌　迟世庆

领导小组下设办公室，办公室设在水政水资源科，承担领导小组的日常工作。成员组成如下：

办 公 室 主 任：张　君

办公室副主任：苏向农　张春华（常务）

办公室下设综合组和技术组。

1）综合组。

苏向农、张春华任组长，人员由办公室、财务科、人事科相关人员组成。

工作职责：具体承担推进河长制工作领导小组办公室日常工作，负责推进河长制工作的综合协调、对外联络、督查督办、会务组织、文件办理、宣传报道、信息简报和档案管理等工作，做好领导小组办公室交办的其他任务。

2）技术组。

王玉哲、郝一军任组长，人员由工程管理科、综合事业科相关人员组成。

工作职责：组织河长制工作有关规划、方案的编制、审核、审查；负责相关业务的指导和督促检查；针对推进河长制工作技术性问题研究提出有关措施和建议；做好领导小组办公室交办的其他任务。

（5）11月22日，调整安全生产领导小组组成人员。

组　长：王玉哲

成　员：司秀林　迟瑞雪　徐立彦　郝一军　张春华　苏向农　杨爱芹　孙连根
　　　　郭爱民

成立安全生产管理办公室并与工程科合署办公，处理安全生产日常管理工作，王玉哲任主任。

（6）11月22日，调整信息宣传工作领导小组。

组　长：张　华

副组长：张　君

成　员：苏向农　张春华　杨爱芹　孙连根　郝一军　郭爱民　迟瑞雪　司秀林　霍航斌　迟世庆　曹　祎

信息宣传领导小组下设办公室，设在局办公室，具体负责信息宣传日常工作，由苏向农同志兼任办公室主任。

各单位、科室信息宣传员如下：

局　机　关：李　飞　张春华　杨爱芹　王立云　郝一军　郭爱民　周延君　徐立彦

冠县河务局：曹　祎

临清河务局：许　晖

穿卫枢纽管理所：万　青

(7) 11月22日，调整安全生产应急领导小组。

组　长：张　华

副组长：魏　强　张　君　王玉哲

成　员：司秀林　张春华　郭爱民　迟瑞雪　孙连根　徐立彦　郝一军

成立安全生产应急管理办公室并与局工程科合署办公，处理安全生产应急管理日常工作，王玉哲任主任。

(8) 11月22日，调整精神文明建设工作领导小组。

组　长：张　华

副组长：魏　强　张　君

成　员：苏向农　张春华　杨爱芹　孙连根　刘玉俊　郝一军　郭爱民　司秀林　迟瑞雪　霍航斌　曹　祎　迟世庆

领导小组下设办公室，设在局办公室，负责文明创建日常工作。由张君兼任主任，成员包括苏向农、张玮、李飞。

(9) 11月22日，调整“两学一做”学习教育常态化制度化领导小组。

组　长：张　华

副组长：魏　强　张　君

成　员：苏向农　孙连根　刘玉俊　徐立彦

聊城局“两学一做”学习教育常态化制度化领导小组下设办公室，由张君兼任主任。办公室下设综合协调组、宣传信息组、督导检查组等三个职能工作组。成员如下：

1）综合协调组。

组　长：孙连根

成　员：王立云

2）宣传信息组。

组　长：苏向农

成　员：张　玮　李　飞

3）督导检查组。

组　长：刘玉俊

成　员：徐立彦

(10) 11月22日，调整信访工作领导小组。

组　长：张　华

副组长：魏　强　张　君

成　员：苏向农　张春华　杨爱芹　孙连根　郭爱民　司秀林　曹　祎　迟世庆　霍航斌

领导小组下设办公室，设在局办公室，由苏向农同志兼任办公室主任。

(11) 11月22日，调整保密工作领导小组。

组　长：张　华

副组长：张　君

成　员：苏向农　张春华　杨爱芹　孙连根　郝一军　刘玉俊　曹　祎　霍航斌　迟世庆

(12) 11月22日，调整计划生育领导小组。

组　长：张　华

副组长：张　君

成　员：苏向农　孙连根　刘玉俊

局计划生育工作领导小组下设办公室，具体负责日常工作的组织开展，由苏向农兼任主任。

(13) 11月22日，调整档案管理工作领导小组。

组　长：张　君

成　员：苏向农　杨爱芹　孙连根　郝一军

(14) 11月22日，调整普法工作领导小组。

组　长：张　华

副组长：张　君

成　员：张春华　苏向农　杨爱芹　孙连根　郝一军　郭爱民　迟瑞雪　司秀林

局普法工作领导小组办公室设在水政水资源科，具体负责日常工作的组织开展，由张春华兼任主任。

(15) 11月22日，调整网络与信息安全管理领导小组。

组　长：张　君

成　员：迟瑞雪　霍航斌　曹　祎　迟世庆　徐立彦

(16) 11月22日，调整社会治安综合治理工作领导小组。

组　长：魏　强

成　员：司秀林　苏向农　张春华　杨爱芹　孙连根　郝一军　郭爱民　迟瑞雪

社会治安综合治理工作领导小组下设办公室，具体负责日常工作的组织开展，人员组成如下：

主　任：司秀林（兼任）

副主任：徐立彦

成　员：范宪煜

(17) 11 月 22 日，调整爱国卫生运动委员会。

主　任：魏　强

成　员：司秀林　苏向农　张春华　杨爱芹　孙连根　郝一军　郭爱民　迟瑞雪

爱国卫生委员会下设办公室，具体负责日常工作的组织开展，由司秀林兼任主任，徐立彦任副主任。

(18) 11 月 22 日，调整节能减排工作领导小组。

组　长：魏　强

成　员：苏向农　张春华　杨爱芹　孙连根　郝一军　郭爱民　迟瑞雪　司秀林

聊城局节能减排工作领导小组下设办公室。办公室设在后勤服务中心，负责聊城局节能减排监督管理、节能制度和节能措施的组织实施、能耗统计等具体工作。

5. 职称评聘

聘任赵庆阁为穿卫枢纽管理所专业技术岗位八级，聘期三年（2017 年 2 月至 2020 年 2 月）。

6. 人员变动

2017 年 2 月 20 日，解除王广建专业技术岗位八级职务，自 2017 年 3 月起退休。8 月 10 日，解除李玉荣专业技术岗位十一级职务，自 2017 年 9 月起退休。12 月，王琳琳人事关系转出。截至 2017 年 12 月 31 日，全局在职职工 52 人，其中参公人员 27 人，事业人员 25 人；离退休职工 31 人。

【财务管理与审计监督】

1. 财务管理

2017 年 1 月 10 日，编制完成 2016 年部门决算报表；8 月 20 日，完成 2017 年中央行政事业单位住房改革支出预算报送工作；12 月 25 日，完成 2017 年部门预算报送工作。调整公务用车制度改革领导小组，印发聊城局车改后保留公务用车使用管理暂行办法和公车改革后公务出行有关事项。

2. 审计监督

2017 年 6 月 26 日，针对 2016 年 12 月 30 日完成的防洪工程雨毁项目施工建设工作进行竣工决算审计并上报漳卫南局。7 月 26 日，对临清河务局原局长张斌进行离任经济责任审计并上报漳卫南局。

【党群工作与精神文明建设】

1. 党群工作

组织做好“1+1”好支部共建行动，着力帮助共建社区党支部解决实际问题。扎实推进“两学一做”学习教育常态化制度化，调整“两学一做”学习教育领导小组，召开“两学一做”学习教育常态化制度化动员会议，印发相关实施方案。2017 年 1 月 20 日，以“学习贯彻六中全会精神，践行‘两学一做’要求，推进聊城河务局水利事业健康和谐发展”为主题，召开民主生活会。10 月 18 日，组织全体职工观看十九大开幕式，会后学习十九大精神。

2. 精神文明建设

完成聊城局四德榜建设和漳卫南局“孝老爱亲”模范人物推荐工作。举办四期道德讲堂知识讲座。10 月 16 日，聊城局机关以及临清局、冠县局、穿卫枢纽管理所全部通过聊城市市级文明单位复核验收。

【综合管理】

2017 年，共召开党委会、局务会议 25 次。细化《目标管理指标体系》，12 月 12 日，组织完成了对聊城局属各科室、各单位年终考核工作。2017 年，共传阅上级来文 163 件，印发行政类文件 58 件、党委类 20 件。聊城局在漳卫南局网站上稿 16 篇。完成 2016 年档案资料的整理归档工作。完善信访维稳工作方案，落实群众来信来访首办责任制和重大信访事件领导包案制度，“两会”及十九大期间认真执行局长带班值班和零报告制度，开展职工来信来访处理和矛盾排查化解工作。

【安全生产】

6 月 29—30 日，举办 2017 年防汛抢险技术暨水利安全培训班。8 月 9 日，召开年度安全生产工作会议，制定《年度安全生产工作要点》。调整安全生产管理人员，明确工作职责，签订安全生产责任书。开展安全生产月、节假日以及汛期安全生产工作，落实安全生产事故月报工作。2017 年聊城局安全生产无事故。

【党风廉政建设】

1. 责任体系建设

聊城局召开党风廉政建设工作会议和纪检监察工作座谈会议，调整党风廉政建设工作领导小组，建立纪检监察联络员制度，定期召开党风廉政建设专题会议。制定印发《党风廉政建设和反腐败工作实施意见》《党风廉政建设考核指标体系》以及聊城局党委、党委成员《党风廉政建设责任清单》。签订《党风廉政建设承诺书》《党风廉政建设责任书》以及《岗位廉政建设责任书》。落实领导干部约谈制度，党委书记两次与各单位、部门主要负责人进行常规约谈和集体约谈，分管局长分别与管分科室、联系单位负责人进行集体约谈，分管纪检监察的副局长约谈临清河务局等 3 名新提拔科级干部。落实党风廉政建设报告制度。2017 年，聊城局属单位和机关各科室党风廉政建设未发生违反党风廉政责任制行为。

2. 反腐倡廉教育

制定印发党委理论学习中心组和职工《理论学习实施意见与学习计划》，利用理论学习、宣传栏、LED 显示屏大力开展廉洁从政学习教育与宣传活动。组织开展廉政法规教育月活动，组织学习海河下游局独流减河防潮闸小金库违纪案例，多次组织学习《习近平关于党风廉政建设和反腐败斗争论述摘编》《〈党政机关厉行节约反对浪费条例〉学习 100 问》《漳卫南局党风廉政建设制度汇编》《典型案例选编》等相关书籍，开展党内法规知识答题活动，组织观看警示教育片《巡视利剑》等警示教育片。聊城局属各单位组织党员干部专题学习《中国共产党问责条例》《中国共产党党内监督条例》等党纪规章。

3. 廉政风险防控体系建设

落实《聊城局贯彻落实〈建立健全惩治和预防腐败体系 2013—2017 年工作规划〉实

施方案》阶段任务，落实工作责任，制定工作计划，五年规划相关工作任务基本完成。召开专题会议传达漳卫南局廉政风险工作会议精神，部署廉政风险控体制机制建设，建立廉政风险预警机制。开展维修养护、水政水资源、水文三个领域的廉政风险防控工作。认真执行民主集中制和“三重一大”决策制度，适时开展党务、政务公开工作。

4. 正风肃纪，强化执纪监督

落实执纪监督“四种形态”，深入贯彻中央八项规定、《党政机关厉行节约反对浪费条例》，积极落实《漳卫南局密切联系群众“八项规定”实施办法》文件精神，严格执行《中国共产党廉洁自律准则》和《中国共产党纪律处分条例》，切实落实领导干部重大事项报告制度和请示汇报制度。落实漳卫南局津补贴督导意见，按照要求进行整改落实。印发《关于元旦春节期间深入落实中央八项规定精神、严格践行廉洁自律规定的通知》等文件，组织人员开展节日期间违反八项规定精神专项检查和涉法涉纪事项自检自查，按时上报涉纪涉法事项统计报告、案件查办情况统计报告、问题线索处置情况统计报告和查处违反中央八项规定精神问题情况月报季报。组织开展离任干部经济责任审计工作。2017 年，聊城局无违反“八项规定”行为，无涉纪涉法事项。

邢台衡水河务局

【工程管理】

1. 堤防绿化

邢衡局结合单位实际制定了《树木更新管理办法》、绘制了《邢衡局水土资源规划示意图》，对基层局的堤防绿化工作开展情况及绿化合同的签订和兑现进行全面的摸底调查。2017 年春全局共植树 4 万余棵，其中临西局 2.58 万棵，清河局 1100 棵，故城局 2.16 万棵，采用人工剪网、机械喷药、飞机撒药等进行病虫害防治。2017 年共实现绿化收入 2.93 万元。

2. 日常维修养护

2017 年，聊城局通过工程管理专题会议、维修养护推进会、参观学习、联查评比、阶段总结等一系列活动，推进工程管理工作。邢衡局各水管单位安排部署各阶段维修养护工作。同时，邢衡局对水管单位进行季度考核，并结合工程管理具体情况，重点安排垃圾清理、杂草清除、堤顶整修、畦田修复、标志牌刷新等工作，2017 年完成日常维修养护投资 447.25 万元。

3. 专项维修施工

邢衡局按期完成临西局赵村至东温堤段堤防整修和故城局新宅至南王庄堤段堤防整修工程，2017 年完成专项维修养护投资 225.36 万元。

【水政水资源】

1. 水法宣传

邢衡局结合“世界水日”和“中国水周”，开展以“落实绿色发展理念，全面推行河长制”为主题的水法宣传活动；组织临西局、清河局和故城局水政人员深入沿河乡村集市、农贸市场、县城社区等进行水法规宣传活动，活动共出动宣传车4辆，宣传员15人，悬挂横幅10余条，散发宣传材料10000余份，发放水法律法规普法读本和河长制宣传手册40余份。6月21日，邢衡局举办了一期水行政执法暨水资源管理培训班。

2. 与地方联合开展堤防违章建筑治理

邢衡局借助卫运河治理和全面推进河长制的有利时机，与地方政府联合开展堤防违章建筑治理。

2017年2月，临西局对发现的卫运河左岸初圈村堤内违法建筑商混凝土站进行立案调查，邢衡局与地方政府及相关部门联合执法，将违章占地4000余m^2的商混凝土站于5月26日彻底拆除，顺利结案。5月，临西局就河道树障问题向临西县防指做专题汇报，组织沿河各乡镇清除树障共计2.26万棵。8月，清河局借助地方政府“大运河文化生态建设项目”的实施，依法清除油坊老桥附近的河道树障百余棵，成功拆除堤防管理范围内的违章输电线路数百米，电线杆7根。故城局结合河长制的实施，将建国、故城及南运河堤防垃圾清理改为地方政府定期出资清运。

3. 加强取水监督管理与堤防环境整治

邢衡局落实《漳卫南局水污染应急预案》《邢衡局水政水资源管理月报制度》《邢衡局水行政执法巡查制度》，确保每月5日前上报水资源管理月报工作；监督管理范围内的取水口情况；按照取水计划进行取水，对取水时间和过程进行跟踪，2017年未发现超计划取水现象。

2017年10月，在河湖执法专项检查中共出动挖掘机2台，自卸小翻斗15台次，人工171人次，共清理堤防农作物种植0.33公顷、垃圾1300m^2。

4. 全面推进河长制

11—12月期间，邢衡局组织职工开展“巡河量堤”行动，对所辖卫运河、南运河河道及堤防展开详细的测量工作，主要对堤防工程、取水口、穿堤建筑、桥梁管道、违章建筑、阻水建筑等进行调查汇总，通过手持GPS定位仪、量尺等工具测量核实相关的地理位置、工程现状、占地面积等详细数据。

5. 严格水资源管理，积极探索经营创收新途径

2017年8月，完成清河南李庄及临西尖庄扬水站取水计量设施安装，与地方政府及相关部门沟通磋商，2017年12月，清河局收取水资源有偿使用费10万元。

【防汛工作】

2017年3月，邢衡局组织技术人员进行汛前检查，编写《邢衡局2017年汛前检查报告》并上报漳卫南局及地方防指；5月，调整防汛抗旱组织机构，明确局领导及机关各部门防汛抗旱工作职责；6月，召开邢衡局2017年防汛工作会议，举办防汛抢险培训班，并修订2017年防洪预案下发至三县执行；7月，督促地方防指落实以行政首长负责制为核心的各项防汛责任制，并联合清河县防指开展200余人参加的防汛抢险演练；加强对辖区内浮桥、险工、穿堤涵闸的管理，确保所辖堤防工程安全度汛，严格执行汛期值班制度。

【人事管理】

1. 人事任免

（1）处级干部任免。

2017 年 2 月 16 日，经中共漳卫南局党委研究决定，任命尹法为邢台衡水河务局局长（漳任〔2017〕4 号）。

2017 年 4 月 17 日，经中共漳卫南局党委研究决定，任命师家科为四女寺枢纽工程管理局副局长（试用期一年）（漳任〔2017〕18 号）。

2017 年 7 月 10 日，经中共漳卫南局党委研究决定，任命苏文静为邢台衡水河务局副调研员（试用期一年）（漳任〔2017〕26 号）。

（2）科级干部任免。

2017 年 5 月 8 日，经中共邢衡局党委研究并报上级同意决定，任命谢金祥为故城河务局局长；免去师家科的故城河务局局长职务；免去谢金祥的邢衡局办公室（党办）主任职务（邢衡人〔2017〕19 号）。

2017 年 5 月 8 日，经中共邢衡局党委研究决定，任命许琳为邢衡局办公室（党办）副主任（主持工作）；免去许琳的清河河务局副局长职务（邢衡人〔2017〕20 号）。

2017 年 6 月 9 日，经中共邢衡局党委研究决定，任命张亚东为清河河务局副局长（试用期一年）（邢衡人〔2017〕26 号）。

2017 年 6 月 23 日，根据工作需要，经研究决定，任命段树民为人事（监察审计）科科员（邢衡人〔2017〕32 号）。

（3）其他人员。

7 月，新招录参公人员 3 人：郜暖、郝曾麒、张华；事业人员 1 人：康健。

巩瑞臣同志于 2017 年 4 月 1 日起退休（邢衡人〔2017〕11 号）。8 月 28 日，免去吴贵生的邢衡局人事（监察审计）科主任科员职务，自 2017 年 9 月 30 日起退休（邢衡人〔2017〕45 号）。

2. 机构设置与调整

（1）2017 年 5 月 31 日，邢衡局防汛抗旱组织机构调整，成立防汛工作领导小组。

组　长：尹　法

副组长：王海军　赵铁群　王建新

成　员：韩　刚　许　琳　杨治江　高艳辉　石爱华　高　峰　张宝华

领导小组下设办公室。

主　任：王海军（兼）

副主任：韩　刚

成　员：索荣清（邢衡工〔2017〕22 号）

（2）2017 年 6 月 20 日，为贯彻落实《水利部关于开展河湖执法检查活动的通知》和海委、漳卫南局河湖执法活动要求，有力推动河湖执法检查活动深入开展，经研究成立邢衡局河湖执法检查活动领导小组。

组　长：尹　法

副组长：王海军

成　员：杨治江　韩　刚　杨志伟　姚红梅　谢金祥

领导小组办公室设在水政科，负责河湖执法检查活动日常监督检查工作，办公室主任由水政科长杨治江兼任（邢衡水政〔2017〕30号）。

（3）2017年7月18日，根据工作需要，邢衡局对信访工作领导小组组成人员进行调整，调整后的人员名单如下：

组　长：尹　法

副组长：赵铁群

成　员：许　琳　杨治江　张保华　高艳辉　韩　刚　高　峰　石爱华　杨志伟　姚红梅　谢金祥（邢衡办〔2017〕37号）

（4）2017年8月25日，邢衡局为加强文明创建工作的组织领导，对精神文明创建工作领导小组进行调整，调整后的人员名单如下：

组　长：尹　法

副组长：赵铁群

成　员：许　琳　石爱华　高艳辉　韩　刚　张保华　杨治江　高　峰　谢金祥　杨志伟　姚红梅

文明创建领导小组下设办公室，负责日常工作的组织开展，人员如下：

主　任：赵铁群

成　员：许　琳　谢金祥　姚红梅　杨志伟（邢衡办〔2017〕41号）

（5）2017年9月11日，根据工作需要，邢衡局决定调整安全生产领导小组，小组成员如下：

组　长：尹　法

副组长：王海军

成　员：许　琳　杨治江　高艳辉　石爱华　韩　刚　夏洪冰　高　峰　张宝华　杨志伟　姚红梅　谢金祥

安全生产领导小组办公室设在工管科，负责安全生产领导小组日常工作，办公室主任由工管科韩刚兼任，办公室副主任由工管科索荣清担任（邢衡工〔2017〕44号）。

（6）2017年9月28日，为贯彻落实中共中央办公厅、国务院办公厅《关于全面推行河长制的意见》和水利部、海委全面推行河长制工作部署，切实加强组织领导，加快推进河长制工作开展，邢衡局经研究决定成立推进河长制工作领导小组。

组　长：尹　法

副组长：王海军　赵铁群

成　员：王建新　苏文静　杨治江　韩　刚　石爱华　许　琳　高艳辉　夏洪冰　高　峰　张宝华　杨志伟　姚红梅　谢金祥

领导小组下设办公室，办公室设在水政科，承担领导小组的日常工作。办公室主任由王海军兼任，办公室副主任由杨治江兼任（邢衡水政〔2017〕47号）。

（7）2017年12月11日，为贯彻落实《水利部事业单位岗位设置管理工作实施方案》《漳卫南局关于印发事业单位岗位设置后续管理工作有关问题处理意见的通知》要求，调整邢衡局事业单位岗位设置及后续管理工作领导小组，成员如下：

组　长：赵铁群

副组长：石爱华

成　员：杨志伟　姚红梅　谢金祥　高　峰　张宝华　段树民

领导小组办公室设在局人事（监察审计）科，负责聘任、考核等工作的组织实施工作（邢衡人〔2017〕56号）。

3. 人员变动

截至2017年12月31日，全局在职工作人员51人，其中参公27人，事业人员24人。

4. 职工培训

2017年，邢衡局共举办水法规宣传、防汛预案编制、防汛抢险知识、防汛抢险演练、安全生产、水行政执法、水资源管理、党风廉政、网络信息安全知识、档案管理、保密知识、财务知识等12个培训班，共250余人次。5名处级干部网络学时人均达到53学时，科级以下干部人均学时达到86学时。处级干部网络学时通过率达到100%，科级及以下干部网络学时通过率达到100%。邢衡局职工参加各类培训班34个，共计440余人次，人均培训时间为86.4学时。

5. 职称评定和工人技术等级考核

（1）2017年5月4日，经海委评审，王宁宁具备工程师任职资格（海人事〔2017〕24号）。

2017年7月1日，经漳卫南局认定，王一具备助理工程师任职资格（漳人事〔2017〕52号）。

（2）聘任王一为专业技术岗位十二级，聘期三年（2017年7月1日至2020年6月30日）；聘任冯伟为专业技术岗位九级，聘任王宁宁为专业技术岗位十级，聘任曹冬为专业技术岗位十一级，以上3人聘期三年（2017年12月1日至2020年11月30日）（邢衡人〔2017〕59号）。

6. 表彰奖励

2017年1月19日，漳卫南局印发《漳卫南局关于表彰2016年度先进单位、先进集体的决定》（漳办〔2017〕1号），授予邢台衡水河务局“漳卫南局2016年度先进单位”荣誉称号。

2017年1月19日，漳卫南局印发《漳卫南局关于表彰2016年度工程管理先进单位和先进水管单位的决定》（漳建管〔2017〕5号），授予清河河务局“2016年度工程管理先进水管单位”荣誉称号。

2017年2月4日，漳卫南局印发《漳卫南局关于公布局属各单位、德州水电集团公司2016年度处级考核优秀结果的通知》（漳人事〔2017〕5号），王斌连续三年考核被确定为优秀等次，记三等功一次。

2017年3月27日，漳卫南局印发《漳卫南局关于表彰2016年度优秀公文、宣传信息工作先进单位和先进个人的通报》（漳办〔2017〕3号），授予邢台衡水河务局“2016年宣传信息工作先进单位”荣誉称号，授予谢金祥“2016年宣传信息工作先进个人”荣誉称号。

2017 年 2 月 6 日，根据年终目标管理考核结果，经邢衡局局长办公会研究决定，授予清河局“邢衡局 2016 年度先进单位”荣誉称号，授予办公室、水政科“邢衡局 2016 年度先进集体”荣誉称号。

2017 年 12 月 27 日，根据民主测评，邢衡局党委研究，确定 2017 年年度职工考核优秀人员为：杨治江、姚红梅、牛亚楠。

【财务管理与审计】

邢衡局配合漳卫南局审计处完成对王斌、师家科同志的离任审计工作，对发现的问题及时进行整改；完成“公车改革实施方案”的编制及审报，已通过河北省专员办审批。

【党建工作】

1. 坚持“两学一做”常态化

2017 年，组织党员认真学习《中国共产党廉洁自律准则》《中国共产党纪律处分条例》《中国共产党党员权利保障条例》《习近平的七年知青岁月》为主要内容的读书学习活动；建立党组织微信工作群；制作“两学一做”学习教育图解展版；建立健全党支部工作学习制度。

2. 加强党风廉政建设

邢衡局党委主要负责人对班子成员和中层干部开展集体廉政约谈，内容为“5＋1”：即从德、能、勤、绩、廉五个方面对如何做合格的党员提出了一个总要求；组织全体党员集中观看时代楷模——黄大年先进典型事迹报告会；邢衡局向局属各党支部发放《党员必须牢记的 100 条党规党纪》；印发《邢衡局 2017 年党内法规知识测试》；结合党支部“三会一课”开展学习研讨活动。

3. 建立完善党建工作长效机制

邢衡局党委下设四个党支部：局机关党支部、临西局党支部、清河局党支部、故城局党支部。2017 年，邢衡局对清河局、故城局两个党支部进行了换届选举，并将机关党支部分成三个党小组，分别与三个基层党支部结对共建。开展“解放思想大讨论”活动，坚持党委成员讲党课制度，发放《“两学一做”学习教育常态化制度化〈意见〉解读》等学习材料。2017 年党委中心组学习共 14 次，其中扩大至全体党员学习 4 次。

2017 年，邢衡局在职党员共 26 人，其中推选出 6 名优秀党员：牛亚楠、许琳、王宁宁、侯尚阳、王亚倩、谢金祥。

【安全生产】

邢衡局组织召开了 2017 年安全生产工作会议，与局属各单位和机关各科室签订了安全生产管理目标责任书，并安排部署安全生产标准化建设工作；进行网络及信息安全检查，并组织举办《2017 年邢衡局网络安全培训班》。参加漳卫南局安全生产培训，组织 2017 年安全生产知识竞赛，做好安全生产宣传和检查工作，将可能影响安全的薄弱环节和隐患分门别类登记造册，有重点地抓好车辆运行、防火防盗、工程施工等关键环节的管理工作。

【精神文明建设】

邢衡局调整了精神文明创建领导小组。组织收看《打铁还需自身硬》《一带一路》等专题片；组织召开“三八”妇女节座谈会，学习《女职工权益保护法》；利用“五四”青年节，开展沿堤骑行活动；结合团委及青联会组织举办了“文明志愿在行动，我为创城添光彩”活动；举办庆祝“建国68周年”文艺汇演。

邢衡局被评为省级文明单位。临西局和清河局继续保持“邢台市文明单位”称号；故城局继续保持“衡水市文明单位”称号。

【综合管理】

邢衡局召开2017年工作会议、党风廉政建设工作会议等会议。2017年共召开党委会24次，局务会议15次。细化《目标管理指标体系》，12月14—15日组成考核小组对各单位、科室目标管理工作进行检查考核。截至12月31日，传阅上级来文168件，印发行政类文件60件、党委类文件10件。

1. 档案管理

邢衡局档案室引进电子档案管理系统、更换新的档案柜35组、增添防磁柜、空调等设施。邢衡局档案管理工作已达到河北省档案工作目标管理AAAAA级标准。7月，邢衡局荣获河北省档案局颁发的荣誉奖牌和证书。

2. 信访维稳

邢衡局建立健全《领导接待日制度》《来访群众须知》《信访人员工作职责》等各项制度。2017年，邢衡局共化解各类矛盾纠纷10起，走访群众200多人次，召集各类协调会6次；全年共受理群众来信来访10件16人次，回函答复信件6封，处置举报信3封，其中个人访6人次，重复访10人次。

3. 信息宣传

2017年，邢衡局在漳卫南运河网发表报道47篇，在海委微信公众号上发表了《砥砺奋进的五年、行走基层看发展》专题报道3篇。

德 州 河 务 局

【工程管理】

1. 维修养护管理

德州局安排物业化日常维修养护堤防长度248.465km，落实物业人员83人，考核单元共计47个，并于3月下旬、7月下旬、10月中旬分别进行当季维修养护考核。下发《德州局关于加强2017年专项维修养护工程施工管理的通知》（德工〔2017〕32号）、《关于开展维修养护资料自查自改的通知》等相关文件。2017年分别针对堤段杂草、堤顶整修、杂物清除、田埂地界埂恢复等进行专业养护4次。夏津河务局、乐陵河务局被漳卫南局授予“2017年度工程管理先进水管理单位”。

2. 工程绿化

2017年德州局累计植树4.2万棵。2017年共清除堤坡违规植树24200棵，恢复堤坡土方 11994m^3，清除违章种植农作物 10.4 公顷。

3. 结对帮扶

德州局 10 月 12 日，下发《关于机关科室与水管单位结对开展堤防管理专项整治的通知》（德工〔2017〕38 号），机关 8 个科室分六组分别对 6 个水管单位结对帮扶。

4. 水文化景观建设

对 3 处城乡结合部管理薄弱堤段开展了专项养护，在卫运河吕庄子堤段建设“63·8”洪水纪念广场。

【防汛抗旱】

1. 防汛准备

3 月下旬，德州局对所辖工程进行检查，并完成《汛前检查报告》。成立漳卫河防汛抗旱办公室，调整防汛组织机构，落实领导分工包河责任制，明确各职能组的人员组成、岗位职责和工作要求。6 月 1 日 8 时起开始防汛值班。组织召开德州河务局防汛抗旱会议和举办防汛抢险技术培训班。

2. 预案编制

修订《德州市漳卫河防洪预案》，经漳卫南局防办审查，6 月 6 日由德州市人民政府防汛抗旱指挥部批准下发至有关县（市）防指执行。

3. 涉河建设项目管理

2 月，按照海委下发的《关于开展堤防工程管理和保护范围内建设项目和活动排查整治的通知》，对所辖工程进行全面排查，形成《德州局关于开展堤防工程管理和保护范围内建设项目和活动排查情况的报告》。

2017 年，督促卫运河河槽内 4 座浮桥的拆除，责令浮桥业主在汛前将浮桥及时撤出；抓好实华化工有限公司蒸汽管网跨岔河工程、华鲁电厂供热管线跨河工程、李家岸引黄输水穿漳卫新河倒虹吸工程等涉河建设项目的监督管理，在开工申请、隐蔽和防护工程施工、现场清理等重要时点和关键部位，加强巡查，盯紧现场，一旦发现问题，立即责令停工、整改。

4. 水文测报

汛期进行水文报汛，发送报文总计 123 份。完成 2017 年海河流域水文测报项目的实施和 2018 年海河流域水文测报项目的申报。

【水政工作】

1. 水法宣传

在“3·22”世界水日、中国水周及“12·4”法制宣传日，同基层局一起，开展了为期一周的水法宣传下基层水政巡查活动。宣传期间共出动水法宣传车 7 辆，设立水法宣传站 7 个，散发传单 6000 余份，受教育群众数万人。

2. 水行政执法

德州局梳理所辖堤防，对重要区域进行了重点排查。案件高发期加强巡查。2017 年，立案查处水事案件 2 起，查处水事违法行为并现场处理 20 余起，直接移交公安机关处理 2 起，联合执法处理堤防倾倒工业垃圾 1 起，处理历史遗留问题 1 起。

3. 水政执法队伍建设

2017年，共开展3期法治培训班，对所属6个基层单位全年的水行政执法情况进行了调研。另有44人次参加由部、委组织的水政人员培训班。

4. 水资源管理

德州局对所辖的76个排取水口进行了定期检查。督促9个2017年到期换证的取水户按照海委要求重新填报取水资料，并录入海委取水许可系统。在德州局下辖武城、德城两局3个重要的取水口安装了自动监测设备。

5. 水资源保护

德州局配合漳卫南局水保处对所辖区域的水质进行监测，对水质变化明显的口门进行重点监测。加强节假日等时段的值班，安排专人盯防重点口门，发现问题及时处置并上报。对重点排污口针对性加大巡查次数。

【人事管理】

1. 干部任免

（1）处级干部任免。

2月10日，任命蔡吉军为漳卫南运河德城河务局局长（试用期一年），免去蔡吉军漳卫南运河德城河务局副局长职务（德人〔2017〕2号）。

2月17日，任命王雪飞为漳卫南运河德城河务局副局长（试用期一年）（德人〔2017〕3号）。

（2）科级干部任免。

2月10日，任命李文军为漳卫南运河德州河务局工会主任科员；免去李文军漳卫南运河德城河务局局长职务。

7月18日，任命刘风坡为漳卫南运河乐陵河务局副主任科员，免去刘风坡漳卫南运河乐陵河务局副局长职务（德人〔2017〕15号）。

8月2日，任命雷冠宝为漳卫南运河乐陵河务局局长，免去雷冠宝漳卫南运河德州河务局工管科主任科员职务（德人〔2017〕18号）。

任命刘文玲为漳卫南运河德州河务局财务科副主任科员，刘滋田为漳卫南运河德州河务局人事（监审）科副主任科员（德人〔2017〕19号）。

11月14日，任命温荣旭、郭玉雷、任晋杰为漳卫南运河德州河务局工管科科员，王辛晴为漳卫南运河德州河务局人事（监审）科科员（德人〔2017〕25号）。

任命上官慧、范张衡为漳卫南运河德州河务局工管科副科长（试用期一年）（德人〔2017〕26号）。

11月23日，任命杨丽华为漳卫南运河德州河务局人事（监审）科主任科员，蔡丽英为漳卫南运河德州河务局财务科副科长）（试用期一年）（德人〔2017〕29号）。

任命陈巍为漳卫南运河宁津河务局主任科员，免去陈巍漳卫南运河宁津河务局副局长职务（德人〔2017〕30号）。

12月14日，任命柴木林为漳卫南运河宁津河务局局长（德人〔2017〕33号）。

2. 人员变动

完成4名职工退休及待遇审批工作；招录参公人员1名（吕笑昊），调出参公人员1

名（逯杉）。

3. 职称评定

聘任张蕾经济师专业技术职务，聘期三年（2017 年 7 月至 2020 年 6 月）（德人〔2017〕27 号）。

聘任马成亮经济师专业技术职务，聘期三年（2017 年 7 月至 2020 年 6 月）；聘任罗志宝助理工程师专业技术职务，聘期三年（2017 年 7 月至 2020 年 6 月）（德人〔2017〕28 号）。

聘任邢兰霞中级专业技术岗九级，聘期三年（2017 年 12 月至 2020 年 11 月）（德人〔2017〕36 号）。

聘任廖兆辉中级专业技术岗九级，聘期三年（2017 年 12 月至 2020 年 11 月）（德人〔2017〕37 号）。

聘任李连军漳卫南运河武城河务局工勤岗技术工三级岗位，聘期三年（2017 年 12 月至 2020 年 11 月）（德人〔2017〕38 号）。

聘任吴晓岷漳卫南运河德州河务局后勤服务中心工勤岗技术工五级岗位，聘期三年（2017 年 12 月至 2020 年 11 月）（德人〔2017〕39 号）。

4. 表彰奖励

德州河务局被漳卫南局授予“2017 年度先进单位”荣誉称号；夏津河务局、乐陵河务局被漳卫南局授予“2017 年度工程管理先进单位”荣誉称号。

德州河务局授予夏津河务局、武城河务局“2017 年度先进单位”荣誉称号；授予办公室、工管科“2017 年度先进集体”荣誉称号。

5. 职工考核

2017 年 12 月，经民主测评，德州河务局党委研究决定，确定 2017 年考核优秀等次人员。

参照公务员法管理优秀人员：肖志强、蔡吉军、雷冠宝、赵全洪、崔莹莹、李 梅、唐绪荣。

事业优秀人员：邢兰霞、李勇军、张洪升、张宝利、鲁敬华、贾致国、祝云飞、徐秀梅。

6. 工资调整

完成职工职级并行的申报与待遇执行及补发工作。完成退伍军人待业期间的工资补发。

完成职工工资的普调，职工岗位调整后调资及新招人员的工资测算与发放工作；完成退休人员基本养老金调整及补发工作。

7. 职工培训

2017 年，共举办各类培训班 9 期，参加培训人数达 650 余人次，选送 95 余人次参加海委、漳卫南局及地方举办的各类培训班，共 112 人参加水利部网络教育培训并全部完成学习任务。

8. 法人年审

完成 9 个事业单位的法人年审工作；根据工作需要，按规定对 4 个法定代表人进行了变更。

【安全生产】

1. 工作机制

8月23日，修订了《德州河务局安全生产事故应急实施预案》，建立健全行政领导负责制的应急工作体系。11月17日，印发《安全生产事故信息报告、处置和调查处理工作制度（试行）》（德工〔2017〕41号）。

制定印发《德州局关于2017年安全生产工作要点》（德工〔2017〕9号），签订《安全生产目标管理责任书》。调整安全生产工作领导小组，并制定了安全生产领导小组工作规则。

组　长：肖玉根

副组长：赵全洪　唐绪荣

成　员：杜　军　崔莹莹　李　梅　刘　波　李德武　鲁敬华　陈卫民　李於强
　　　　蔡吉军　陈　巍　刘风坡　张金涛

安全生产领导小组办公室设在工管科，负责日常工作和安全生产事故调查评估工作的组织开展。

主　任：唐绪荣（兼）

2. 水利安全生产标准化建设工作

制定印发《德州河务局加快安全生产标准化建设工作实施方案》，夏津河务局开展机构审评，至11月23日已完成水利工程安全生产标准化自评及申报工作。

3. 安全生产检查

全年共组织安全生产检查6次。

4. "安全生产月"活动

开展第16个全国"安全生产月"宣传活动，印发《德州河务局2017年安全生产月宣传活动实施方案》，张贴安全生产宣传画；6月14日举办安全生产知识培训班。

5. 日常管理

定期召开安全生产工作例会，落实漳卫南局安全生产月报制度和节日值班制度，加强对车辆的日常安全管理，安排专人对车辆进行定期检查。2017年实现全年无安全事故发生。

【党建工作】

2017年，德州局于每月10日"党员活动日"开展主题活动，建立党员活动档案：观看《榜样》《黄大年、廖俊波先进事迹》《于丹教授：感悟国学智慧——机关干部如何读国学经典》专题片；开展"传承优良家教家风，做忠诚干净担当表率"主题教育活动。10月，组织党员参加十九大精神学习，开展"我谈十九大"主题党日活动；12月起组织党员活动参加"灯塔——党建在线"十九大精神学习竞赛，于每月"党员活动日"通报各支部参赛情况，组织竞赛模拟。按时完成德州局及6个基层局109名党员的"灯塔——党建在线"系统注册，并开通9个E支部。

2017年完成1名中共预备党员的转正工作，发展中共预备党员1名。

【党风廉政建设】

制定了党风廉政建设和反腐败工作实施意见。党员干部全部签订目标责任书、廉政承诺书。更新政务党务宣传栏，畅通监督渠道。重要节假日在党员干部中发出“反对‘四风’，严于律己，从我做起，文明过节”倡议，对公车进行封存，定点停放。5月26日，组织副科级以上党员干部到德州市廉政教育基地参观学习；9月22日，组织全体党员参观德州市检察院预防职务犯罪警示教育基地。

【精神文明建设和工会工作】

德州局将办公楼三楼平台修缮成为职工活动场地用于工间操和各种文体活动；对离退休职工、困难职工于春节和重阳节前后定期走访；7月，组织“慈心一日捐”，全局干部职工共捐款3650元；选派科级干部刘利，到武城县四女寺镇东赵馆村开展“第一书记”驻村帮扶工作。举办读书月征文活动、冀鲁边区革命纪念园参观教育活动，纪念建党96周年暨主题党日教育活动；中秋节、国庆节前夕组织迎双节趣味运动会；元旦前夕，以科室为单位举办广播操比赛。按月向中国文明网推荐“身边好人”，完成山东省志愿者注册。深入开展“职工之家”建设，更新改建乐陵河务局小食堂。12月，选举产生德州局新一届团委，祝云飞任团委书记，刘洋、刘卿娴任团委委员（德党〔2017〕18号）。更新德州市文明单位管理平台和山东省精神文明建设平台，德州河务局继续保持“山东省文明单位”称号。

【综合管理】

5月31日，印发《德州河务局公务接待管理办法》（德办〔2017〕5号）；9月18日，印发《德州河务局差旅费管理办法（试行）》（德办〔2017〕7号）；9月28日，印发《德州河务局合同管理办法》（德办〔2017〕8号）；11月25日，印发《女职工生育住院报销管理办法（试行）》（德办〔2017〕9号）。

【经济工作】

成立土地资源开发利用领导小组，做好建设苗圃基地、发展庭院经济、经济林循环种植等各项工作。2017全年与6个租房户签订房屋租赁合同，无拖欠房租现象。利用堤防开发和承包，签订三十里铺基地院内土地租赁协议，完成该收费的足额收取。

沧州河务局

【防汛工作】

1. 防汛备汛

3月下旬开始，沧州河务局按照《漳卫南局汛前检查办法》的要求，相继对所辖堤防、河道、穿堤建筑物、险工险段等工程设施以及非工程措施进行了全面细致的检查，对存在的问题进行了系统分析，提出了处理意见，并根据检查情况编写了《汛前检查报告》，上报漳卫南局和沧州市防指。

6月调整了防汛组织机构，成立了防汛工作领导小组，落实了局领导分工负责制，明确了各科室在防汛工作中的职责。6月15日开始，沧州河务局严格执行领导带班和24小时防汛值班制度，主汛期安排技术人员值班，无脱岗现象，能及时处理汛情，及时接收传达雨、水信息。

6月15日，组织召开了2017年防汛工作会议，传达了漳卫南局防汛工作会议精神，部署了下一阶段的工作任务；局属各单位就前阶段的防汛准备工作情况、存在的问题和下一阶段的工作安排进行了汇报。

2. 预案编制

结合漳卫新河的实际情况，积极征求沧州市防指意见，修订形成了2017年防洪预案。2017年6月27日，沧州市防汛抗旱指挥部发布了《关于下发漳卫新河防洪预案的通知》（沧汛办字〔2017〕26号），用来指导沿河各县防汛抢险工作。

3. 市级应急度汛项目

实施了市级应急度汛项目，经过前期的测量、申报、财政审核、招标投标等一系列建设程序，顺利完成了5处獾洞的处理，消除了堤防隐患。

【工程管理和维修养护工作】

1. 维修养护管理

多次组织召开工程管理专题会议，分别安排部署了绿化、物业化实施方案、专项维修养护、划界、示范管理单位复核等工作，传达了漳卫南局工程管理会议精神。组织开展工程管理知识学习，5月，对《工程管理工作要点》进行了学习，8月，对《水利工程界桩、标示牌技术标准》进行了学习。年初，编制完成了《沧州局2017年维修养护实施方案》并拟文上报，5月，对2017年专项堤段进行了测量，7月，完成了专项维修养护设计工作，10月，已经通过海委组织的设计审查。

根据漳卫南局关于物业化管理工作要求，在全局112.2km的堤防实施了日常维修养护的物业化管理，并对各单位日常维修养护工作进行检查和季度考核。

进一步深化水管体制改革，落实水管单位的主体责任，加强监督管理，采取强化现场管理、严格验收及影像记录施工过程等手段，确保专项维修养护工程质量。全年共完成沥青混凝土路面维修2207m^2，堤防整修5.91km，獾洞处理两处145m。

2. 工程绿化

抓住春季绿化的有利时机，积极开展堤防绿化工作，制定切实可行的绿化计划，明确种植位置、树木品种和数量，对种植过程的各个环节层层把关，确保树苗的成活率。2017年，共完成堤防绿化35km，植树7.83万余棵。

3. 护堤地划界工作

开展了吴桥、东光、南皮、海兴局背河护堤地的划界工作。划界范围长98.6km，面积49.27公顷。项目经费包括地籍测绘、界桩制作安装共计59.5万元，项目基本实施完毕。

4. 违章种植专项清理活动

5—7月，在全局范围内开展了违章种植专项清理活动，清除违章农作物2.67公顷，清理堤坡种树3000多株，收到了良好的效果。

【水政工作】

1. 水法宣传

世界水日、中国水周及"12·4"法制宣传日期间，沧州河务局紧紧围绕主题，开展进机关、进学校、进村庄等系列宣传活动，共出动宣传车辆 9 辆，制作展牌 3 块，悬挂宣传条幅 15 幅，张贴宣传标语 50 余条，散发宣传材料 6000 份。同时，加强漳卫新河河口治理的宣传，联合水闸局与海兴县香坊乡政府和无棣县埕口镇政府进行座谈，发放漳卫新河河口治理规划宣传材料；3 月 24 日，组织职工学习陈雷部长、任宪韶主任及张胜红局长的署名文章，并进行海委系统 2017 年纪念“世界水日”“中国水周”和“法制宣传日”的网络答题。

2. 加大水行政执法力度，防患案件发生

认真落实水政巡查制度，采取突击巡查和定期巡查相结合的方式，明确巡查方式、路线和人员，做好巡查记录，及时发现查处 4 起水事案件：

4 月，南皮局水政执法人员在巡查中发现，前罗寨村村民在河道内新植大量违章树障。该局立即行动，经多次沟通，成功清除漳卫新河前罗寨村河道树障 8 公顷，共计 6700 余株。

2017 年来，吴桥局、东光局、盐山局水政人员在堤防巡查时分别发现岔河左岸宋门、漳卫新河张大庄、蔡家堤防管理范围内非法埋设网络线杆及一定数量的通信电缆，总计 110 根线杆。经调查，该违法行为是中国移动分公司所为。三局迅速与中国移动分公司沟通协调，并向其下达了《责令限期改正通知书》，要求限期自行拆除。经多次协商沟通，中国移动分公司自行进行拆除，恢复原貌。

落实了法律顾问，聘请了河北省铭鉴律师事务所的律师担任沧州局法律顾问，使执法过程中的各项程序更加完善。

3. 规范队伍建设

规范队伍建设，加强水政执法人员培训。组织全体水政执法人员参加沧州市政府法制办举办的执法证换证培训考试。举办水行政执法和文书制作培训班，提高水政监察人员的执法文书制作水平。

4. 漳卫新河河口管理

加大漳卫新河河口管理力度。3 月，与水闸局建立联席会议制度，加强联合执法。5 月，组织全局水政监察人员分为 3 组，开展漳卫新河河口执法活动，对河口范围内占压堤防、侵占滩地等违法行为进行全面统计梳理，形成河口管理专项档案，为全面加强河口管理工作打下基础。11 月，组织在海兴召开漳卫新河河口管理工作联席会议，形成一系列工作制度，为下一步河口管理工作的开展打下基础。

5. 涉河建设项目管理

加强涉河建设项目管理。对济乐高速跨越漳卫新河大桥项目防护工程进行督促，对建设单位进行了函告；对石家庄到济南的高速铁路跨越岔河、减河大桥工程进行监督管理，督促相关防护工程开工建设，现已完工；对沧州市水务局李家岸倒虹吸引水工程加强监督管理，督促其落实防汛预案。

6. 水资源管理

完成了沧州河务局管辖堤防范围内取水口的统计，上报前 10 月各取水口取水量，积极完成水资源月报工作。

【推进河长制工作】

1. 认真学习贯彻河长制相关文件精神

沧州河务局高度重视河长制工作的贯彻落实，组织学习了一系列文件，分别对部、委、局和河北省、沧州市《全面推行河长制工作方案》的内容和精神进行学习领会，并专门将河长制相关知识制作幻灯片进行学习理解，为把握好政策、贯彻好河长制相关工作打下良好基础。

2. 加强组织领导，确保各项工作落到实处

成立了由主要负责人任组长，其他班子成员为副组长，各职能部门、局属各单位主要负责人为成员的推进河长制工作领导小组，以及由相关部门业务骨干为成员的领导小组办公室，明确了领导小组的工作职责。为进一步明确分工和职责，设立了局所辖河道分段河长，为推进河长制工作提供了组织保障。

根据《沧州河务局全面推进河长制工作方案》，为做到家底清、措施实，对沧州河务局所辖河道基本情况、确权划界岸线情况、围绕六大任务工作开展情况进行了梳理、整理，形成沧州河务局所辖河道问题排查表并上报。

主动对接，及时掌握河长制落实情况。沧州河务局积极与沧州市河长办对接，主动作为。提供河道基础资料，并要求所属单位加强与所在地河长办的沟通，及时上报河长制工作进展情况，对沧州市及沿河所属县、乡河长制工作进展情况及时汇总上报。

加强主体宣传。2017 年度在“3·22”“世界水日”“中国水周”之际，开展了以“落实绿色发展理念，全面推行河长制”为宣传主题的水法规宣传活动。对河长制起源、现状、组织形式、六大任务等为内容的宣传材料进行印发，向沿河乡、村群众讲解宣传，组织职工参加水利部办公厅举办的“全面推行河长制”知识答题活动。

3. 积极协调推进漳卫新河河长制工作

《河北省实行河长制工作方案》出台后，沧州河务局经与沧州市水务局进行了多方面沟通，所辖河道被列入市级河长制管理河道。由沧州市市委常委、常务副市长兼任漳卫新河河长，相继两次召开河长制有关方面工作协调会。

沧州市印发了《沧州市实行河长制工作方案》，设立了河长制办公室，沿河各县、乡分别出台实行河长制工作方案，全面建立了市、县、乡、村四级河长制组织体系，东光县、南皮县设立了“河道警长”，由县公安局负责。

在漳卫新河堤防上设立了以村为单位的沧州市市级河长信息公示牌，明确了市、县、乡、村级河长信息和职责、目标。各级地方河长已开始进行河道巡查，东光县、南皮县对河道、堤防垃圾进行清除治理。

为确保河长制落到实处，沧州市市委、市政府印发了《沧州市河长制市级会议制度》《沧州市河道巡查制度》和《沧州市河长制工作考核奖惩办法》等制度，为河长制工作的开展提供了制度保证。

4. 借助河长制开展河口治理工作

以河长制落实为契机，海兴县政府牵头于 7 月、9 月两次对海丰砂场进行集中清理，成立了以县长为指挥长的集中整治行动指挥部，由乡镇政府、环保、安监、公安、河务等 11 个成员单位组成联合执法队，依法依规对河口管理范围内的非法砂场进行集中彻底清理，清除砂石料 2000 余立方米、拆除 8 处地磅、2 台变压器、1000 余平方米的管理用房，今年 1 月开展了清剿行动，共清理砂石料 3000 余立方米，地磅 2 台，违建房屋 600 余平方米。

【水土资源开发经营】

2017 年，沧州河务局不断规范土地资源开发利用，开展堤防经营承包合同梳理工作，对现有236份合同全面梳理、审核，现场核实种植数量及收益，做到标的与实际相符，保证收益，其中2017年签订承包合同18份，水管单位经济收益均达到30%以上。

认真做好南皮局土地资源开发利用试点工作，积累经验，提高效益。2017年扩大苗圃种植规模，新增苗圃基地0.67公顷，育苗1.2万棵，目前成活率90%以上，长势良好。3月5—12日，育苗基地第一次对外销售速生杨树苗2.3万棵，收入分成11000元，验证了育苗种植是堤防土地资源开发利用、增加收益的一条有效途径。

加强闲置资产的经营管理，对基层局机关旧址房屋推行以租代管，实现管理和效益双丰收，2017年房屋出租收入达到11万元。继续发展庭院经济，不断培植增收途径，提高单位经济效益。

【党建工作】

1. 3月，根据《漳卫南局党委关于在“两学一做”学习教育中召开专题组织生活会和开展民主评议党员的通知》（漳党〔2017〕7号），沧州河务局党委以学习贯彻党的十八届六中全会精神为主题，围绕“两学一做”学习教育要求，组织6个党支部召开了专题组织生活会并开展了民主评议党员工作，促进了“两学一做”常态化长效化，推动了把党内政治生活严起来、实起来。

2. 6月，根据《中共沧州市委直属机关工作委员会关于做好2017年“双十佳”暨“一先两优”评选推荐工作的通知》（沧直组明字〔2017〕4号）和《中共沧州市委直属机关工作委员会关于做好“双十佳”推荐工作的通知》（沧直组明字〔2017〕14号）要求，局党委推荐海兴局支部为“十佳”基层党组织，经全体党员投票推荐，王德同志为市直工委优秀共产党员，姜天钊为“十佳”共产党员。

3. 6月，根据《中共沧州市委印发〈关于充分发挥基层纪律检查委员会作用的意见〉的通知》（沧字〔2017〕21号）和《中共沧州市委办公室印发贯彻落实市委〈关于充分发挥基层纪律检查委员会作用的意见的实施方案〉的通知》（沧办字〔2017〕9号）要求，结合沧州局基层党组织建设情况，经局党委研究决定，对沧州局党委下设7个基层党组织进行调整。撤销了不满足设立支部条件的基层党组织，继续保留满足设立支部条件的基层党组织（沧党〔2017〕12号）。

4.“七一”前夕，开展了讲党课、重温入党誓词、走访老党员等系列庆祝活动。

5. 7月，按沧直组明字〔2017〕17号通知要求，局党委安排各党支部负责人与本支部的退役党员谈心谈话，规范军队退役党员党内政治生活。

6. 8月，按照中央、水利部、海委、漳卫南局和沧州市委关于推进“两学一做”学习教育常态化制度化的安排部署，结合沧州河务局实际，印发了《中共沧州局党委推进“两学一做”学习教育常态化制度化实施方案》（沧党〔2017〕14号）。

7. 8月，按沧州市委组织部关于开展党组织和党员基本信息采集工作要求，完成了沧州局党组织和党员的信息采集工作。

【人事管理】

1. 机构设置与调整

（1）1月，调整审计领导小组成员（沧人〔2017〕7号）。

组　长：饶先进

副组长：陈俊祥

成　员：刘维艳　崔金峰　林立新

（2）8月，调整劳动纪律监督检查小组成员（沧人〔2017〕49号）。

组　长：陈俊祥

成　员：刘维艳　齐　军　张　勇　林立新　刘艳海　张广霞　王　刚　乔庆明
崔金峰

（3）8月，成立“不作为、乱作为、慢作为”问题清理工作小组（沧人〔2017〕51号）。

组　长：陈俊祥

成　员：刘维艳　齐　军　张　勇　林立新　刘艳海　张广霞　王　刚　乔庆明
崔金峰　王　蕾

2. 人事任免、职级晋升

（1）5月，根据工作需要，经组织考察，任命王丙会为南皮局副局长（试用期一年），主持工作。免去刘洋南皮局局长职务（沧人〔2017〕27号）。

（2）5—7月，完成职务与职级并行实施工作，经摸底调查，沧州局自2015年1月15日至2017年7月期间，符合职级晋升条件的8人全部按文件完成了职级晋升。

3. 人员变动

（1）9月底，参公人员刘铁柱退休。

（2）截至2017年12月，沧州局在职职工61人，其中：参公人员46人，事业人员15人。离退休人员46人，其中：离休人员2人、退休人员44人。

4. 干部交流

根据上级工作要求，结合沧州河务局工作实际，推行“机关一基层”职工交流机制，局机关干部王丙会到南皮局任副局长，主持工作。

5. 职称资格考试、申报评定工作

1月，根据《漳卫南局关于做好2016年度职称申报工作的通知》（漳人事〔2017〕3号），审核上报柴广慧水利工程副高级、霍伟水利工程中级资料，霍伟取得水利工程中级工程师任职资格。

6. 人事档案

（1）严格按人事档案管理办法负责档案资料的收集、鉴别、归类、整理、存档等档案管理工作，保管好干部、工人和离退休人员档案。

（2）按时更新沧州局各类人员数据库信息，保持职工电子信息档案信息完整、规范。

（3）按上级单位要求，更新水利人事管理信息系统软件，并录入完善职工电子档案。

7. 工资审批统计、人员工资调整

（1）1月，完成2017年1月晋级、晋档及晋升职务人员工资增资审批及发放工作。

（2）按上级单位主管部门要求，完成2016年度水利工资统计工作。

（3）3月，完成局机关、吴桥、东光、南皮、盐山、海兴局法人证书年检工作。

（4）7月，完成南皮局法人变更工作。

（5）7月，河北省人力资源和社会保障厅要求，完成沧州河务局2017年调整退休人员基本养老金工作。

（6）7月，完成沧州河务局自2015年1月15日至2017年7月期间，符合职级晋升条件的8人的工资晋升的审批及补发工作。

8. 机构设置、岗位设置和人员编制情况

9月，按要求上报沧州河务局2017年招录计划（拟招录东光局参照公务员法管理人员1人，盐山局参照公务员法管理人员1人）。

9. 退休审批

9月，沧州河务局参照公务员法管理人员刘铁柱同志到达法定退休年龄，按要求办理了退休手续。

10. 社会保险工作

（1）职工养老保险。

1）机关事业人员养老保险。

①1月，根据沧州河务局在职职工2016年度工资水平，核算机关事业人员养老保险缴费（暂扣）情况，建立2017年机关事业人员养老保险暂缴台账。

②根据《河北人力资源和社会保障厅关于提供2016年度机关事业单位退休（职）人员有关情况的通知》，完成沧州河务局2016年1月1日至12月31日期间退休人员数据采集工作；5月，按河北省人力资源和社会保障厅冀人社函〔2016〕153号要求，上报沧州河务局退休人员有关基础数据。

③7—8月，根据《关于开展省本级机关事业单位参保登记工作的通知》，完成沧州河务局机关事业人员的养老保险参保登记工作。

④10月，根据《河北省人力资源和社会保障厅关于省本级机关事业养老保险基金清算业务培训班报名的通知》，参加养老保险基金清算业务培训。

2）事业合同制职工养老保险。

①9月，根据山东省人力资源社会保障厅、山东省财政厅《关于公布省管单位社会保险缴费及计发有关待遇基数的通知》（鲁人社字〔2017〕232号），调整沧州河务局事业合同制职工2017年度养老保险缴费情况，并按月及时缴纳养老保险。

②9月，根据山东省社会保险事业局《关于2017调整中央驻鲁、驻济部队所属机关事业单位合同制退休（职）人员统筹内养老金有关问题的通知》（鲁社保函〔2017〕53号），完成了沧州河务局事业合同制退休职工统筹内养老金调整工作。

（2）职工医疗保险。

1）3—6月，组织沧州河务局参加医保职工申报慢性病工作，沧州河务局吕金良、周福卫、张法生通过审核；

2）截至10月，沧州河务局参加医疗保险人数105人，其中在职61人、退休44人，达到全员参保，并按要求缴纳了2017年度医疗保险费。

（3）职工工伤保险。

每月按时足额缴纳沧州河务局事业人员工伤保险。

11. 职工培训

(1) 2016 年 12 月，总结沧州河务局 2016 年度教育培训和编制 2016 年培训计划。

(2) 2—9 月，组织各单位（部门）举办职工集中学习 20 次，主要开展了以深化机关作风整顿、反腐倡廉、资产管理及资产配置、弟子规——修身励学的法宝、廉政风险防控、安全生产、防汛抢险知识等为专题的职工培训。

(3) 10 月，组织职工参加漳卫南局 2017 年公务员能力提升培训班。

(4) 7—12 月，职工学习以网络学习与职工个人自学为主，组织全局干部职工参加中国水利教育网上培训，并全员达标，充分利用中国水利教育培训网络资源，积极组织参加上级部门组织的各种网络知识竞赛，取得了较好的成绩。组织全局职工参加中国水利教育培训网网络学习。

(5) 按计划要求，协助有关部门组织完成了相关的培训活动，并对全局参加各种培训人员进行了培训登记、备案。

12. 表彰奖励

(1) 1 月，关于表彰 2016 年度优秀职工和先进个人的决定（沧人〔2017〕6 号），表彰如下：

齐军、张勇、刘维艳、刘艳海、姜天钊、王宝军、吕双强、霍伟 2016 年度考核确定为优秀，对上述优秀等次人员嘉奖一次。

张勇 2014—2016 年度连续三年考核被确定为优秀等次，记三等功一次。

赵明、王蕾、王莹、张广霞、王健、孙世军、魏浩、王玉娜、张红 2016 年度表彰为先进个人，予以奖励。

(2) 2 月，饶先进、陈俊祥 2016 年度考核被确定为优秀等次，对上述优秀等次人员嘉奖一次（漳人事〔2017〕5 号）。

(3) 3 月，2016 年度精准脱贫驻村工作队和村干部考核等次如下：

刘铁民同志考核为优秀等次，刘国强、魏浩二位同志考核均为称职等次。按照冀组字〔2017〕3 号文件要求，驻村干部的考核等次，记入个人档案，“优秀”等次不占其所在单位指标。

(4) 10 月，王德被中共沧州市委直属机关工作委员会授予“优秀共产党员”荣誉称号。

13. 离退休工作

(1) 按规定及时报销离休干部医药费、缴纳退休人员医疗保险，按月足额发放离退休职工工资。

(2) 在春节前，局领导看望慰问离退休老干部，倾听老干部的心声，了解他们的思想动态、生活状况，为他们送去节日的问候。

14. 驻村帮扶

(1) 1 月，按照沧州市委精准脱贫工作要求，处级干部刘铁民、科级干部刘国强、科员魏浩继续驻村帮扶。

(2) 3 月，刘铁民 2016 年度精准脱贫驻村工作和驻村干部考核为优秀等次，嘉奖一次（《关于 2016 年度精准脱贫驻村工作队和驻村干部考核等次的函》）。

【纪检监察】

1月，根据工作安排，调整了党风廉政建设责任制领导小组成员及责任分工（沧党〔2017〕1号）。

组　长：饶先进

副组长：刘铁民　陈俊祥　涂纪茂

成　员：刘维艳　齐　军

2月10日，召开沧州局党风廉政建设工作会议。会上，局党委与局属各单位（部门）签订了《党风廉政建设责任书》，局党委负责人与班子成员签订了《党风廉政建设承诺书》，班子成员与分管部门及联系单位签订了《党风廉政建设承诺书》；会后，各单位（部门）负责人与本单位（部门）职工签订了《党风廉政建设承诺书》。

2月，根据沧州市委、沧州市人民政府关于落实全省深化机关作风整顿大会精神要求，开展了以“转作风、优环境、走新路、抓落实”为主要抓手的机关作风整顿工作（沧党〔2017〕3号）。

3月，印发了《2017年沧州局党风廉政建设和反腐败工作实施意见》（沧党〔2017〕4号）。组织开展了“一课两册”活动，印发了《沧州局党委关于开展“一课两册”活动实施方案》（沧党〔2017〕5号）。

4月，根据工作需要，调整了基层单位兼职纪检干部（纪检联络员）（沧党〔2017〕6号）。印发了《沧州局2017年党风廉政建设考核指标体系》（沧党〔2017〕7号）。

5月，根据工作安排，调整了党风廉政建设责任制领导小组成员及责任分工（沧党〔2017〕8号）。

组　长：饶先进

副组长：刘铁民　陈俊祥　刘　洋

成　员：刘维艳　齐　军

制定了《沧州局党委和党委成员的主体责任清单以及纪检监察部门的监督责任清单》；根据《漳卫南局关于进一步严明纪律强化值班管理、规范津补贴发放的通知》（漳传发〔2017〕5号），对历年来沧州局行政值班、防汛值班、输水值班以及各类津贴补贴发放情况进行了自查工作；5月底，按照相关规定，党委书记对新提拔南皮局副局长王丙会开展了任前廉政谈话。

6月，对漳卫南局督察组督察发现的问题，进行了整改，并于6月19日召开了一次专题廉政会议，开展了集体廉政约谈。

7月，根据廉政风险防控工作要求，提出了加强廉政风险防控工作痕迹化管理的要求（沧党〔2017〕8号）。

8月，按上级单位主管部门要求，开展了干部在企业兼职情况的规范清查工作。自查工作中，沧州局存在将建造师证书挂靠在企业、领取薪酬的情况隐瞒未报人员，党委书记与涉事同志开展了专题谈话，并要求他们尽快与企业解除聘用关系。召开沧州局纪检监察座谈会，传达了2017年漳卫南局纪检监察座谈会会议精神，安排部署了沧州局纪检监察工作。

8—9月，根据《漳卫南局关于开展廉政警示教育活动的通知》（漳监〔2017〕2号），组织了廉政约谈，观看了时代楷模廖俊凯、黄大年先进事迹，购买并发放了《党员必须牢记的 100 条党规党纪——中国共产党纪律处分条例解读》廉政书籍，组织了廉政知识测试等一系列系列廉政警示教育活动。

春节、中秋等节日期间，对“四风”问题、公车使用进行了专项提醒并开展了明察暗访。

9 月，开展了廉政风险防控工作。对原有的财务、人事、工程建设和维修养护领域廉政风险防控进行了专项检查，对防汛、水资源管理方面的廉政风险防控进行了疏理，对其他领域廉政风险防控工作进行了准备。

【审计工作】

1 月，完成了上年度工程维修养护经费管理使用情况审计。

6 月 8—9 日，漳卫南局审计处对我局各类值班费和津贴补贴发放情况进行了专项检查。

【安全生产工作】

1. 安全生产会议

1 月 29 日，组织召开 2017 年安全生产工作会议，传达了漳卫南局 2017 年安全生产工作会议精神，部署了下阶段安全生产工作，明确了 2017 年的安全生产工作目标。参与起草了各单位、部门的安全生产责任书，并督促各单位、部门及时进行了签订。

2. 打非治违专项整治

按照上级要求开展了汛前安全检查、打非治违等专项整治工作，印发了《全面开展安全生产大检查、深化“打非治违”和深入开展危化品易燃易爆物品安全专项整治工作方案的通知》，在全局范围内开展了打非治违专项行动，按照要求完成了隐患排查和填报工作。

3. 安全生产检查

按照要求督促各单位开展安全生产检查，完成安全生产信息的统计上报工作。

4. 安全生产月活动

组织机关职工学习安全知识，观看《安全生产法》释义视频；张贴宣传画册宣传安全知识；组织开展全国水利安全知识网络答题活动；在全局范围内开展了安全隐患排查等。

【综合管理】

2 月 19 日，沧州局组织召开 2017 年工作会议，总结 2016 年各项工作，部署安排 2017 年重点任务。年内，制定并印发多项规章制度，1 月 4 日，制定印发《沧州局信息宣传工作管理办法的通知》（沧办〔2017〕1 号）；12 月 5 日，印发《沧州河务局财务管理制度的通知》（沧财〔2017〕74 号）和《沧州河务局会议费管理办法（试行）的通知》（沧财〔2017〕75 号），不断提高规范化管理水平。

10 月 13 日，制定印发《沧州局关于印发〈沧州河务局目标管理办法〉的通知》（沧办〔2017〕64 号）和《沧州局关于印发〈2017 年目标管理指标体系〉的通知》（沧办〔2017〕65 号），促进沧州局目标管理工作。

为促进机关与基层协调发展，4 月 13 日，制定印发《沧州局关于印发机关部门与基层单位结对帮扶活动实施办法的通知》（沧人〔2017〕25 号），在全局开展联系局领导蹲点及机关部门与基层单位结对帮扶活动。各帮扶小组在分管局长领导下开展工作，分管局长定期到联系单位蹲点，对帮扶工作进行督导，确保结对帮扶工作常抓不懈、取得实效。

【财务管理】

1. 预算工作

5月5日，漳卫南局印发《漳卫南局关于批复2017年预算的通知》（漳财务〔2017〕12号），批复了沧州河务局2017年预算，核定沧州河务局2017年总收入2606.2万元，总支出2606.2万元，其中基本支出1574.63万元，项目支出1031.57万元。核定沧州河务局2017年一般公共预算拨款收入1898.99万元，支出1898.99万元，其中基本支出867.42万元（含人员经费780.2万元，公用经费87.22万元），项目支出1031.57万元。核定沧州河务局2017年一般公共预算安排的“三公”经费预算23.08万元。

11月20日，漳卫南局印发《漳卫南局关于调整2017年预算的通知》（漳财务〔2017〕45号），根据《海委关于调整2017年预算的通知》，核减沧州河务局2017年基本支出离退休经费预算28万元，追加沧州河务局2017年项目支出堤防雨毁修复预算31万元。已完工支付。

12月30日，漳卫南局印发《漳卫南局关于追加2017基本养老金和规范津贴补贴经费预算的通知》（漳财务〔2017〕48号），根据《海委关于追加2017基本养老金和规范津贴补贴经费预算的通知》，追加沧州河务局2017年基本支出预算119.97万元，其中退休人员基本养老金10.58万元，规范津贴补贴109.39万元。

2. 公车改革工作

9月，根据《关于加快推进驻地方中央垂直管理单位公务用车制度改革工作的通知》（中车改办〔2017〕20号）和财政部驻河北专员办要求以及《漳卫南局公车改革推进工作实施意见》，本着厉行节约、反对浪费的原则完成公车改革的测算工作，制定《沧州河务局车改后保留公务用车使用管理办法》（沧财〔2016〕50号）、《沧州局公务用车制度改革实施方案》。财政部驻河北专员已批复。

3. 资产清查工作

3月，按漳卫南局要求，沧州局印发《沧州局国有资产清查工作方案》（沧财〔2017〕16号），开始资产清查工作；6月完成国有资产的清查工作，并行文上报漳卫南局《沧州局关于行政事业单位资产清查的报告》（沧财〔2017〕49号）。

4. 行政事业单位内部控制规范及基础性评价工作

根据漳卫南局《漳卫南局行政事业单位内部控制基础性评价工作实施方案》（漳财务〔2016〕20号）要求，印发了《沧州局行政事业单位内部控制基础性评价工作实施方案》，按方案要求，11月完成了沧州局行政事业单位内部控制基础性评价工作，并行文上报漳卫南局《沧州局关于行政事业单位内部控制基础性评价工作报告》（沧财〔2016〕68号）。

【精神文明建设】

年内，先后组织多项文体活动。继续组织女职工合唱队定期活动，并融入舞蹈、乐器、健身操等形式，不断丰富活动内容。在“三八”妇女节即将来临之际，组织沧州局女职工参观了抗日民族英雄西柏坡纪念馆，营造了欢乐祥和的节日气氛。“五一”“五四”及国庆节等重大节日举办丰富多彩的文体活动，焕发职工精神面貌。举办了“庆‘七一’，颂歌献给党”文艺演出活动，活动涵盖了独唱、合唱、舞蹈、器乐演奏、诗朗诵等多种形式，歌颂了党的丰功伟绩，抒发了广大职工热爱党的高尚情怀和对中华民族伟大复兴的美好憧憬。

1月，按照沧州市委精准脱贫工作要求，选派处级干部刘铁民等三名精干力量驻村帮扶；3月，开展以“捐出您一天的收入，奉献您的一份真情”为主题的“博爱一日捐”活动，广大干部职工踊跃参与，共捐款3100元，及时送交沧州市运河区红十字会。

继续开展送温暖活动，元旦、春节期间探望离退休老干部，并对困难职工进行帮扶。通过全局职工的努力，沧州局荣获2014—2015年度市级文明单位称号。

岳城水库管理局

【工程建设与管理】

加强对水工建筑物、金属结构、机电设备等设施的管理维护，全年共投入维修养护资金548万元，其中财政资金469万元，自筹资金79万元。开展月考核，坚持日常检查和专题检查相结合。对主供电源、037备用电源及其线路设备进行试运行和保养维护，对闸门、启闭机及机电设施进行检查和试运行。

自筹资金用于设置防浪墙隔离护栏、主要坝段处边坡隔离墩，装修美化溢洪道、泄洪洞启闭机房、防浪墙、进水塔等工程。加强工程巡查和安全保卫工作，突出对坝体、溢洪道、泄洪洞等主要建筑物的巡查；对坝体、坝基渗压及渗流量进行观测，及时整理分析观测资料，实时掌握大坝运行状态。完成《岳城水库工程图集》的校核工作，现已具备刊印条件。实现了《岳城水库调度规程》的报批。

【防汛抗旱】

3月，开始汛前检查，对发现的问题及时整改，消除隐患。重点对供配电设施、闸门及启闭设施、水雨情测报设施、防汛信息系统、工程安全监测设施以及防汛抢险物料、安全度汛措施等进行检查，并对相关设备设施进行了运行测试。6月1日起，全员驻水库驻地开展防汛工作，实行签到考勤，定期查岗。完善防汛值班带班制度，各防汛值班岗位实行24小时值班。落实内部各项防汛责任制，签订安全度汛责任状，明确局领导防汛抢险责任分工。组建防汛抢险总队及防汛抢险专业小分队，落实抢险分工。组织学习《岳城水库防洪预案》《邯郸市防洪预案》。6月中旬，实施供电和爆破2号小副坝应急预案演练。6月27日，召开局防汛工作会议。6月29日，组织召开防汛指挥部工作会议，落实行政首长负责制。

【水政水资源管理】

继续执行监测共享机制，强化水质监测管理，确保水源地水源安全。自动化监测站自动在线监测运行正常。做好水质化验工作，完善水质化验管理制度。每月至少一次例行取水许可检查，督促取水单位完善取水台账，严格核算水量，准确填写统计报表，及时上报。整编水文资料，配合漳卫南局完成水文遥测系统的改建。

实施水库坝区封闭管理，加强库区巡逻，增设高清视频监控。对工程管理保护范围内的违章建筑、违法采石采砂等行为，联合地方政府进行清理。

在“世界水日”和“中国水周”期间，加大水法规宣传力度，悬挂条幅，张贴标语、宣传画。共计发放宣传材料2000余份，粉刷宣传标语1200m^2，修整固定宣传牌8块。开展普法进校园活动，向中小学生发放水法宣传笔记本。

【供水工作】

2016年12月29日至2017年2月4日，配合漳卫南局成功实施了“引岳济衡”“引岳济沧”应急供水工作，累计放水1.46亿m^3。5月23日至6月14日，再次启动了“引岳济衡”输水工作，供水4000万m^3。

截至2017年12月底，实现向邯郸、安阳两市供水3.88亿m^3，收取水费2600万元；上缴漳卫南局水费500万元。

【人事管理】

7月，免去郝丽芳副主任科员职务，退休。

7月，孙建义由工程管理科科长提拔为副调研员职务。

10月，免去王岳红主任科员职务，退休。

11月，聘任左滨为信息中心副主任（副科级）。

12月，聘任刘卫国为高级工程师（六级）专业技术职务，金辉、赵军利为工程师（九级）专业技术职务，金春梅、杨华芳为工程师（十级）专业技术职务，刘阳、李鹏飞为助理工程师（十一级）专业技术职务。

【综合管理】

及时编制部门预算，严格按照部门预算进度申请国库支付额度，严格执行国库集中支付手续，按照要求完成财政资金支付工作。财务管理制度健全，严格落实财务开支计划签报和报销审批制度。

落实安全生产责任制，开展“安全生产月”活动，张贴安全宣传画、悬挂安全生产标语，开展安全生产培训，组织观看《坚守安全红线》教育片。

【党群工作】

调整“两学一做”领导小组和办公室，制定学习方案，明确学习内容、学习步骤和学习要求。利用集中学习、参加培训、组织研讨等多种形式进行学习教育。班子主要负责人带头讲党课，提升班子成员履职尽责能力。组织党员干部参加“邯郸好人”评选活动。11月15—17日，组织党员干部到涉县太行山干部学院，参加“不忘初心 牢记使命”十九大精神学习暨党员干部综合能力培训。

【精神文明建设】

扎实开展走访慰问、扶贫济困等温暖活动，组织开展邯郸市“博爱一日捐”募捐活动，共计捐款6250元。2016年和2017年共筹措资金30余万元，协助扶贫村改善村内基础设施。按照邯郸市创建全国文明城市部署，自筹资金40余万元，助力文明创城。开展形式多样、丰富多彩的文体活动。

【党风廉政建设】

贯彻落实上级决策部署，研究部署年度党风廉政工作。印发《党风廉政建设和反腐败工作实施意见》。认真落实"一岗双责"，明确工作重点，调整任务分工。层层签订党风廉政建设责任书、党风廉政建设承诺书。对大额资金开支严格按照"三重一大"决策程序集体研究。按照预算控制压缩三公经费及会议费，推进公务用车制度改革，封存公务用车5辆。严格按要求选拔任用干部，对新任干部开展任前廉政谈话，班子成员对分管单位主要负责人进行廉政约谈。

四女寺枢纽工程管理局

【工程建设与管理】

1. 日常维修养护

2017年，四女寺局日常维修养护项目投入经费170.20万元，主要对水工建筑物、闸门、启闭机、机电设备及附属设施进行经常化、日常化清洁和维护保养，定期检查、检测。完成养护土方680m^3，护坡勾缝修补2461m^2，反滤排水设施维修养护107m，混凝土修补270m^2，裂缝处理450m^2，闸门维修养护1585m^2，启闭机防腐442m^2，启闭机房维修养护2220m^2，护栏维修养护740m，绿化900m^2。

2. 专项维修养护

2017年，四女寺局水利工程专项维修养护项目投入经费6.79万元，包括：南闸下游右岸局部护坡翻修、护坡勾缝、基础清理，对南闸下游右岸距翼墙30～40m护坡（坡长7.5m、宽10m）进行翻修维修；南闸启闭机表面刷漆处理，启闭机表面除锈刷漆，对12台启闭机表面进行清理除锈并刷漆。主要工程量包括：浆砌石30m^3，勾缝75m^2，启闭机表面除锈刷漆468m^2。

3. 工程验收及方案批复

3月17日，四女寺局2016年1个水利工程专项维修养护项目质量合格，通过验收。

4. 船闸修复

2017年，四女寺局与德州市文化广电新闻出版局配合，对四女寺枢纽船闸开始进行保护与展示工程修缮。3月13日，四女寺枢纽船闸本体保护修缮、河道清淤疏浚和岸坡修复工程启动。截至11月，工程已全部完工。修缮工程对船闸导航架、闸首、闸室、操作室墙体等开裂处加固和修复；重新安装操作室门窗；补配护木、系船椿、系船柱、系船环、灯柱和导航架、闸首部位的水泥望柱与金属栏杆。对河道进行清淤疏浚，恢复河床，对护坡、海墁进行修复，清除岸边的杂草、生活垃圾，对船闸周边环境进行综合治理。

【四女寺枢纽北进洪闸除险加固工程】

9月25日，在中国采购与招标网、水利部海河水利委员会网站和漳卫南运河综合信息网同时发布漳卫南运河四女寺枢纽北进洪闸除险加固工程初步勘察设计项目公开招标公告。

11月6日，在中国采购与招标网、水利部海河水利委员会网站和漳卫南运河综合信息网同时发布漳卫南运河四女寺枢纽北进洪闸除险加固工程初步勘察设计项目中标公告。中标单位为中水北方勘测设计研究有限责任公司。

【防汛抗旱】

1. 汛前准备

汛前，及时调整防汛组织机构，明确各部门工作职责，调整防汛抢险队员。重新修订《四女寺枢纽工程防洪抢险预案》。成立汛前检查小组，于3月下旬，组织各类专业人员，对所辖枢纽工程（水工建筑物、闸门启闭机、机电设备、附属设施等）、通信设施、供电专用线路、防汛物料及倒虹吸工程等进行检查，并人工清理南进洪闸、节制闸、北进洪闸闸门上的污物以及闸室内的杂草和淤泥等。

2. 汛期工作

6月13日，召开四女寺局防汛会议，部署2017年防汛工作。6月14日，举办防汛抢险知识培训班。执行防汛值班制度；加强防汛物资管理，做好防汛物资保障。组织专业人员对水工建筑物、机电设备、仓库、35kV防汛专线、变电室、备用发电机、车辆开展专项检查。对节制闸、北进洪闸、南进洪闸共27孔闸门启闭机进行试运行。开展防汛抢险实战演练，组织防汛抢险队员启用备用发电机启闭闸门。

3. 运行调度

2017年，四女寺枢纽工程全年动闸共计27次，其中南进洪闸动闸7次，节制闸动闸20次，全年三闸下泄水量约1.5亿m^3。

【水文工作】

1. 引岳济沧输水

自2016年12月29日开始提闸放水，至2017年2月4日供水结束，历时38天。四女寺局负责第三店站的水量测流工作，ADCP流量测验49次，最大流量74.5m^3/s；泥沙量测验31次，最大含沙量0.069kg/m^3，最高水位17.90m。此次供水，通过第三店输水共计约1.25亿m^3。

2. 水样采集

每月按时完成四女寺、第三店、王营盘、玉泉庄、田龙庄、袁桥闸6个区域的水样采集工作，全年共采集水样72次。

3. 耿李杨、第三店专用水文站设立

8月9日，海委印发《准予水行政许可决定书》（海许可决〔2017〕30号），同意设立耿李杨专用水文站及第三店专用水文站。四女寺枢纽工程管理局所属引黄倒虹吸工程管理所承担耿李杨、第三店专用水文站的水文测验及报汛任务。

4. 补充德州市生态用水

6月1—5日、7月1—4日、10月21—27日、12月20—30日，四女寺局应德州市政府要求，4 次利用倒虹吸工程出口闸提闸放水，补充德州市生态用水，过水总量约 1700 万 m^3。

【水政水资源管理】

1. 普法宣传

3 月 22 日，开展纪念第二十五届“世界水日”和第三十届“中国水周”宣传活动。利用办公楼大厅流动字幕播放宣传内容；以“图说河长制”为内容，摆放展板 6 个；利用微信平台，发送相关宣传口号和内容。同时组成水法宣传队，到集市发放宣传材料 100 余份。

12 月 4 日，四女寺局开展“12·4”国家宪法日暨全国法制宣传日活动。通过主题法制展板巡展、散发宣传资料、张贴标语等形式宣传。活动期间，共发放法制宣传资料 100 余份，张贴标语 50 余张，摆放法制宣传展板 6 块。

2. 水政执法

2017 年，四女寺局制定巡查方案，每周巡查一次，巡查记录痕迹化。2017 年四女寺局管辖范围内无违法水事案件发生。

【人事管理】

1. 机构设置与调整

(1) 1 月 3 日，成立四女寺局供水工作领导小组（四工管〔2017〕1 号），人员组成如下：

组　长：李　勇

副组长：梁存喜　何传恩

成　员：上官利　杨泳鹏　李秀婷　谢　磊　张绍钧　席　英　孟跃晨　杨长柱　武　军　邱振荣

下设四个职能组，职能职责如下：

1) 综合调度组：负责供水过程中工程调度运行；负责供水值班室值班日常管理工作；负责供水期间供水工作的沟通协调及信息收集发布；负责水情应用系统的运行维护。

2) 水情（质）监测组：负责供水期间水情测报工作；协助上级单位做好水质监测工作；负责测流的安全生产工作。

3) 巡查组：负责供水期间沿河引水口及排污口的巡查工作，确保供水工作顺利实施。

4) 后勤保障组：负责供水期间交通、水、电、暖及饮食等后勤保障工作，做好后勤保障值班工作。

(2) 5 月 2 日，成立四女寺局船闸保护与展示工程协调领导小组（四水政〔2017〕2 号），人员组成如下：

组　长：何传恩

成　员：杨泳鹏　杨长柱　孟跃晨　翟淑金

领导小组下设办公室，负责日常协调工作的开展。办公室设在水政科。

(3) 5 月 2 日，调整四女寺局各部门安全员（四工管〔2017〕8 号），人员组成如下：

办　　公　　室：王丽苹

水　　政　　科：翟淑金
财　　务　　科：陈冉冉
人　　事　　科：谢　磊
工　　管　　科：吴志文
工　　　　　会：刘玉兵
综合事业中心：崔志华
后勤服务中心：韩洪光
引黄倒虹吸管理所：徐泽勇

(4) 5月15日，调整四女寺局精神文明建设领导小组（四党〔2017〕8号），人员组成如下：

组　长：王　斌
副组长：何传恩
成　员：上官利　杨泳鹏　李秀婷　谢　磊　张绍钧　李洪德　席英　王丽苹　武军　杨长柱　邱振荣

四女寺局精神文明建设领导小组下设办公室，设在局办公室（党委办公室），作为其工作机构，负责全局精神文明建设的日常工作。

(5) 5月27日，成立四女寺局水闸调度运行小组（四工管〔2017〕9号），人员组成如下：

组　　长：何传恩
监督人员：孟跃晨
负责水闸调度运行监督管理。
操作人员：吴志文　韩洪光　徐泽勇
负责水闸调度具体操作。
记录人员：王　玲
负责水闸调度运行过程中数据记录。
安全人员：李臣山　崔志华
负责水闸调度运行过程中安全管理。

(6) 5月27日，调整四女寺局防汛抗旱组织机构（四工管〔2017〕10号），人员组成如下：

1）防汛抗旱工作领导小组。
组　长：王　斌
副组长：何传恩　师家科
成　员：李洪德　杨泳鹏　李秀婷　谢　磊　上官利　席　英　张绍钧　邱振荣　杨长柱　武　军　王子忠　赵玉峰（四女寺水文站）

2）职能组。
①综合调度及抢险技术组。
组　长：李洪德
成　员：主要由工管科（防办）及水政科人员组成

②情报预报组。

组　长：邱振荣

成　员：主要由倒虹吸工程管理所（水文站）人员组成

③通信信息组。

组　长：武　军

成　员：主要由综合事业中心人员组成

④后勤保障组。

组　长：杨长柱

成　员：主要由后勤服务中心人员组成

⑤物资保障组。

组　长：李秀婷

成　员：主要由财务科人员组成

⑥宣传动员组。

组　长：上官利

成　员：主要由办公室及工会人员组成

⑦检查督导（审计）组。

组　长：谢　磊

成　员：主要由人事（审计）科及水政人员组成

3）防汛抗旱办公室。

主　任：李洪德（兼）

副主任：孟跃晨　赵玉峰（四女寺水文站）

（7）5月27日，成立四女寺枢纽工程防洪抢险队（四工管〔2017〕12号），人员组成如下：

队　长：何传恩

副队长：李洪德

第一组：

组　长：王子忠

成　员：上官利　邱振荣　刘玉兵　孟跃晨　曲志勇　薛德武　武　军　王光恩
康晓磊　孙　磊　徐泽勇　唐新洲　胡　平　张　振　李臣山

第二组：

组　长：李光桥

成　员：杨长柱　杨泳鹏　韩洪光　张洪元　李春东　张志军　陈寿林　边文生
王永鑫　马泽旺　吴　强　吴志文　王春刚　张绍钧　崔志华

（8）5月27日，成立四女寺闸水文站改建协调小组（四办综〔2017〕1号），人员组成如下：

组　长：何传恩

成　员：上官利　杨泳鹏　杨长柱　邱振荣

（9）5月30日，调整四女寺局信访工作领导小组（四办〔2017〕4号），人员组成如下：

组　长：王　斌

副组长：何传恩　师家科

成　员：上官利　杨泳鹏　李秀婷　谢　磊　张绍钧　孟跃晨　席　英　武　军　杨长柱　邱振荣

领导小组下设办公室，信访办公室设在办公室，负责信访工作的日常事宜。

（10）5月31日，调整四女寺局工程管理领导小组（四工管〔2017〕15号），人员组成如下：

组　长：王　斌

副组长：何传恩

成　员：孟跃晨　上官利　杨泳鹏　张志军　谢　磊　席　英　张绍钧　杨长柱　邱振荣　武　军

（11）5月31日，调整四女寺局工程维修养护工作安全生产管理小组（四工管〔2017〕16号），人员组成如下：

组　长：孟跃晨

成　员：吴志文　王　玲

安全生产管理小组在四女寺局安全生产领导小组的领导下，对四女寺局工程维修养护安全生产工作进行全过程监督和管理。

（12）5月31日，调整四女寺局工程维修养护质量管理小组（四工管〔2017〕17号），人员组成如下：

组　长：孟跃晨

成　员：吴志文　王　玲

质量管理小组依照《四女寺枢纽工程管理局水利工程维修养护管理办法实施细则（试行）》和《四女寺枢纽工程维修养护细则》等的规定，对四女寺局工程维修养护进行全面质量监督与管理。

（13）5月31日，调整四女寺局工程日常维修养护月度考核小组（四工管〔2017〕18号），人员组成如下：

组　长：何传恩

成　员：孟跃晨　吴志文　王　玲　杨长柱

月考核小组按照上级以及维修养护质量评定标准的要求，对四女寺局工程的日常维修养护工作进行月度考核，并督促完成月度考核资料的整理工作。

（14）5月31日，调整四女寺局安全生产标准化建设工作组（四工管〔2017〕19号），人员组成如下：

组　长：何传恩

副组长：孟跃晨　上官利

成　员：杨泳鹏　张志军　谢　磊　席　英　武　军　杨长柱　邱振荣

安全生产标准化建设工作组下设办公室，负责安全生产标准化建设的日常工作。安全生产标准化建设工作组办公室设在工管科。

安全生产标准化建设工作组办公室主任：孟跃晨（兼）

（15）6月15日，调整四女寺局“两学一做”学习教育协调领导小组（四党〔2017〕12号），人员组成如下：

组　长：王　斌

副组长：何传恩　师家科

成　员：上官利　王丽苹　谢　磊　张绍钧

“两学一做”学习教育协调领导小组在局党委统一领导下开展工作，全面负责学习教育工作的组织实施、指导协调和督查推动工作，主要职责为：贯彻落实上级有关精神，研究我局“两学一做”学习教育有关重要事项，提出工作意见；对全局“两学一做”学习教育进行安排部署，落实工作责任，做好指导协调；了解掌握全局“两学一做”学习教育进展情况，发现和解决学习教育中遇到的问题，总结宣传典型经验；派出督查组，对“两学一做”学习教育开展情况进行全程督导检查。

四女寺局“两学一做”学习教育协调领导小组下设办公室。主任由何传恩兼任。办公室下设综合协调组、宣传信息组、督导检查组三个职能工作组。成员如下：

综合协调组：谢　磊

宣传信息组：上官利　王丽苹

督导检查组：张绍钧

（16）8月8日，调整四女寺局保密领导小组（四办〔2017〕6号），人员组成如下：

组　长：王　斌

副组长：何传恩　师家科　刘培珍

成　员：上官利　张志军　谢　磊　张绍钧　孟跃晨　武　军　邱振荣

四女寺局保密工作领导小组下设办公室（简称保密办），具体负责我局保密日常管理工作。保密办主任：上官利（兼），成员：王丽苹、陈冉冉、王玲、孙磊、宋萍，负责具体保密工作。

（17）8月14日，成立四女寺局文物保护领导小组（四水政〔2017〕3号），人员组成如下：

组　长：师家科

成　员：杨泳鹏　上官利　孟跃晨　武军　杨长柱　翟淑金

领导小组下设文物保护办公室，办公室设在水政科，由杨泳鹏、翟淑金负责具体日常管理工作。

（18）8月17日，成立四女寺局推进河长制工作领导小组（四水政〔2017〕4号），人员组成如下：

组　长：王　斌

副组长：何传恩　师家科　刘培珍

成　员：杨泳鹏　上官利　孟跃晨　李秀婷　谢　磊　张绍钧　席　英　武　军　邱振荣　杨长柱

领导小组下设办公室，办公室设在水政科，负责与沿河相关地方的工作对接和联系，负责管辖范围推进河长制工作的具体落实，承担领导小组的日常工作。

（19）12 月 8 日，成立 2017 年水政监察人员考核领导小组（四水政〔2017〕6 号），人员组成如下：

组　长：王　斌

副组长：师家科

成　员：杨泳鹏　孟跃晨　邱振荣

2. 职工培训

4 月 27 日，组织技术骨干到沧州大浪淀、杨埕水库开展输水工作调研。

2017 年，四女寺局举办防汛抢险知识、安全生产知识等培训班共 7 个，选送 20 余人参加海委、漳卫南局及地方举办的各类培训班。全局共有 43 名职工参加培训，累计受训 1290 人次，人均培训学时达 135 学时，培训计划完成率 95.56%。38 名干部按照上级有关要求参加了网络教育培训，培训完成率 97%。4 名处级干部参加海委、漳卫南局及地方举办的各类培训班，全部合格。

3. 职数核定

8 月 1 日，漳卫南局印发《漳卫南局关于核定四女寺枢纽工程管理局主任科员和副主任科员职数通知》（漳人事〔2017〕47 号），根据水利部人事司《流域机构各级机关非领导职务设置办法》（人教机〔2017〕2 号）和《关于印发四女寺枢纽工程管理局主要职责机构设置和人员编制规定的通知》（漳人教〔2010〕43 号）精神，经研究，核定四女寺局机关主任科员和副主任科员职数为 4 名。

4. 干部任免

中共漳卫南局党委 2017 年 2 月 16 日决定，任命王斌同志为中共四女寺枢纽工程管理局委员会党委书记，免去李勇同志的中共四女寺枢纽工程管理局委员会党委书记职务；任命王斌为四女寺枢纽工程管理局局长，免去李勇的四女寺枢纽工程管理局局长职务（漳党〔2017〕19 号、漳任〔2017〕5 号）。

中共漳卫南局党委 2017 年 4 月 17 日决定，任命何传恩为中共四女寺枢纽工程管理局委员会委员、四女寺枢纽工程管理局副局长（试用期一年），免去其四女寺枢纽工程管理局副调研员职务（漳党〔2017〕29 号、漳任〔2017〕14 号）。

中共漳卫南局党委 2017 年 4 月 17 日决定，任命师家科为中共四女寺枢纽工程管理局委员会委员、四女寺枢纽工程管理局副局长（试用期一年）（漳任〔2017〕18 号、漳党〔2017〕32 号）。

中共漳卫南局党委 2017 年 7 月 10 日决定，任命刘培珍为四女寺枢纽工程管理局副调研员（漳任〔2017〕24 号）。

2 月 4 日，中共漳卫南局党委决定免去梁存喜中共四女寺枢纽工程管理局委员会委员、副局长职务职务，自 2017 年 3 月 31 日起退休（漳党〔2017〕6 号、漳人事〔2017〕8 号）。

12 月 19 日，四女寺局免去李秀婷四女寺局财务科科长职务，自 2017 年 12 月 31 日退休（四人事〔2017〕6 号）。

5. 人员变动

3 月 31 日，四女寺梁存喜退休（漳人事〔2017〕8 号）。12 月 31 日，四女寺局李秀婷退休（四人事〔2017〕6 号。截至 2017 年 12 月 31 日，四女寺局在职职工 45 人，包括参照公务员法管理人员 23 人，事业人员 22 人。退休人员 43 人。

【党风廉政建设】

印发《中共四女寺局党委关于 2017 年党风廉政建设和反腐败工作的实施意见》《中共四女寺局党委关于印发 2017 年党风廉政建设考核指标体系的通知》。单位负责人与各部门负责人签订《党风廉政建设责任书》。单位负责人与领导班子其他成员、领导班子成员与分管科室负责人、部门负责人与科室成员分别签订《党风廉政建设承诺书》。2 月 15 日，召开 2017 年党风廉政建设工作会议。调整四女寺局党风廉政建设责任分解及四女寺局党风廉政建设责任制领导小组。4 月 28 日、5 月 26 日，组织党员干部到沧州市反腐倡廉警示教育基地、德州市廉政教育基地参观学习。8 月 9 日，领导班子对副调研员刘培珍开展任前廉政谈话。8 月 22 日至 9 月 22 日，组织开展廉政警示教育活动。观看黄大年先进典型事迹，发放《党员必须牢记的 100 条党纪党规——中国共产党纪律处分条例解读》，组织党内法规知识测试。9 月 29 日，党委书记、局长王斌集体约谈四女寺局领导班子成员及副科级以上干部。12 月 14 日，组织 16 名科级党员干部参加德州市德廉和党风党纪知识学习测试。

【党建工作】

印发《四女寺局 2017 年党建工作要点》《中共四女寺局党委关于印发〈四女寺局党委理论学习中心组学习实施办法〉的通知》（四党〔2017〕4 号）。1 月 24 日，召开四女寺局 2016 年度党员领导干部民主生活会。“七一”组织党员赴沂蒙山区开展“追寻革命足迹，接受红色教育”、重温了入党誓词、观看主题教育片《榜样》等活动，局党委书记王斌主讲题为《结合工作实际 坚定不移推进从严治党》的主题党课。调整“两学一做”学习教育协调领导小组，印发《关于推进“两学一做”学习教育常态化制度化实施方案》。党支部每月开展党员活动日，按时收缴党费，建立了党费收缴登记簿，分发党员证，如实填写《德州市直基层党支部组织生活纪实簿》。12 月 15 日，组织党支部书记“双述双评”活动，各支部党员对党支部书记进行评议。

【综合管理】

局领导班子调整后，及时调整局领导分工。先后制定并印发《四女寺局进一步加强青年工作的实施方案》（四党〔2017〕5 号）、《四女寺局宣传信息工作管理办法》（四办〔2017〕3 号）、《四女寺局车改后保留公务用车使用管理暂行办法》（四办综〔2017〕3 号）等规范性文件。

【财务管理】

7 月 17 日，四女寺局印发《四女寺局关于印发〈四女寺局医疗费管理办法〉（暂行）的通知》（四财〔2017〕7 号）。

10 月 26 日，漳卫南局印发《漳卫南局关于四女寺局固定资产报废的批复》（漳财务〔2017〕36 号），同意《四女寺局关于报废固定资产的请示》（四财〔2017〕9 号）文件中申请报废的固定资产（账面价值 195798.00 元）进行报废。

【综合经营】

3 月 12 日，在四女寺局东大院移植樱花 50 株，对办公区内及东大院现有苗木花卉进行修剪。对白蛾幼虫、尺蠖幼虫等害虫进行 4 次喷药处理。冬季，将管理区内 3000 余株树木进行刷白处理。对东院鱼塘进行清理、换水、投放鱼苗。定期对管理范围内的杂草进行清除。

2017 年四女寺局实现全年收缴水费 84 万元。

【精神文明建设】

7 月 5 日，印发《四女寺局职工健身工作实施方案》，组建乒乓球、羽毛球、骑行、健步走、摄影文体活动小组。2017 年，举办迎新春猜谜、“三八”妇女节义务劳动、“读书月”、清明节网上祭奠英烈、端午节包粽子比赛、“迎中秋，庆国庆”等系列文体活动。参加漳卫南局（德州片）乒乓球比赛，获得团体第一名、男子单打两个第三名、女子单打第三名。参加海委举办的羽毛球比赛。四女寺局领导走访慰问离退休老干部及困难职工。

2017 年 1 月，四女寺局办公室主任上官利被中共德州市委直机关工委评为 2016 年度“优秀科长”。

【安全生产】

对安全生产领导小组和各部门的安全监督员进行调整。与四女寺局属各部门（直属事业单位）分别签订《2017 年度安全生产目标责任书》。制定《四女寺局 2017 年安全生产工作要点》（四工管〔2017〕6 号），明确工作重点。各部门和每位职工都签订安全生产责任书。5 月 31 日，印发《四女寺局关于印发〈四女寺局安全生产事故应急预案〉的通知》（四工管〔2017〕20 号）、《四女寺局关于印发〈四女寺局火灾事故预防及应急预案〉的通知》（四办综〔2017〕20 号）。开展“安全生产月”活动，开展岗位人员安全培训、张贴安全生产宣传画、安全知识培训班。8 月 15—16 日，安全生产领导小组在全局开展安全生产大检查，重点对枢纽工程、交通车辆、仓库、电气设备、输变电设备及防火、防爆等部位进行检查，对检查中发现的问题进行汇总，采取整改措施。10 月 17 日，安全生产领导小组带领各部门相关人员，对办公区、输变电系统、备用发电机、锅炉、食堂、车辆、防汛仓库、职工宿舍区等进行安全隐患大排查，重点对设备、设施用电、车辆安全运行等情况进行细致排查。

【领导视察】

6 月 15 日，水利报社江河杂志社主任果天廓、主编刘艳飞、副主编薄宁到四女寺枢纽调研。

3 月 13 日，山东省南水北调局党委书记、局长刘建良，总工程师王金建一行到四女寺局调研南水北调东线一期工程向北延伸应急供水工程线路。

3 月 22 日，国务院南水北调办公室党组书记、主任鄂竟平一行到四女寺局考察南水北调东线一期工程向北延伸应急供水工程线路。

4 月 24 日，山东省水利厅副厅长张建德到四女寺枢纽检查指导防汛工作。

4 月 25 日，海委副主任徐士忠到四女寺局调研房屋修缮工作。

5 月 17 日，全国人大常委、教科文卫委员会副主任、致公党中央副主席严以新到四女寺枢纽船闸调研大运河复航情况。

6 月 26 日，衡水市副市长程蔚青到四女寺枢纽检查防汛工作。

7月2日，国务院南水北调办公室专家组到四女寺枢纽调研南水北调东线北延伸线路。

7月14日，德州市副市长马俊昀到四女寺枢纽检查指导防汛工作。

8月4日，德州市政协主席翟长生率德州市运河保护与开发利用专题调研领导小组及部分专家学者、市政协委员到四女寺枢纽调研大运河保护与开发利用工作。

8月22日，水利部规划计划司副司长乔建华带领南水北调调研组到四女寺枢纽调研。

8月23日，德州市市委常委、秘书长刘长民到四女寺枢纽调研，武城县委书记张磊陪同调研。

8月29日，德州市副市长范宇新到四女寺枢纽工程检查防汛工作。

9月1日，山东省省委常委、常务副省长、漳卫南运河省级河长李群到四女寺枢纽工程管理局调研漳卫南运河河长制工作。

9月13日，菲律宾华裔青年联合会、菲律宾历史博物馆代表团一行16人在副会长王培元先生的带领下到四女寺枢纽工程管理局进行参观访问。

9月22日，水利部水资源司副司长郭孟卓到四女寺枢纽调研南水北调东线一期水量调度及东线二期工程规划工作。

10月17日，山东省发展和改革委员会（以下简称发改委）党组成员、副主任潘好亮到四女寺局调研《山东省大运河文化带建设规划》，德州市发改委、武城县县委领导及四女寺局领导陪同调研。

10月20日，水利部规划计划司副司长高敏凤、水利部水规总院副院长李原园、交通运输部综合规划司副司长苏杰及其相关人员到四女寺枢纽开展大运河沿线水利水运专题调研。

11月10日，海委副主任田友到四女寺枢纽工程管理局调研。

【表彰奖励】

(1) 1月5日，四女寺局印发《四女寺局关于机关公务员及直属事业单位职工2016年度考核结果的通知》（四人事〔2017〕1号）。谢磊、张绍钧被评为四女寺局2016年度优秀公务员，其他参加考核的人员为称职，对优秀等次人员嘉奖一次。武军、韩洪光、王玲被评为四女寺局2016年度优秀职工，其他参加考核的人员为合格。

(2) 2月4日，漳卫南局印发《漳卫南局关于公布局属各单位、德州水电集团公司2016年度处级考核优秀结果的通知》（漳人事〔2017〕5号）。李勇连续三年考核被确定为优秀等次，记三等功一次。

(3) 1月，四女寺局被评为“漳卫南局2016年度先进单位”。

(4) 3月，《四女寺局关于印发〈四女寺局2016年宣传信息工作要点〉的通知》（四办〔2016〕1号）被评为漳卫南局2016年度优秀公文。上官利（办公室主任）被评为漳卫南局2016年宣传信息工作先进个人。

(5) 6月，四女寺局第一党支部被授予漳卫南局直属机关“先进基层党组织”荣誉称号。邱振荣（倒虹吸管理所）、张绍钧（监察审计科）、吴志文（工管科）被授予漳卫南局直属机关“优秀共产党员”荣誉称号。王丽苹（办公室）被授予漳卫南局直属机关“优秀党务工作者”荣誉称号。

水闸管理局

【工程管理】

1. 水利工程维修养护

2017年完成水利工程日常维修养护及专项维修养护项目总投资608.64万元，其中投入水利工程专项维修养护项目经费108.81万元，完成袁桥闸交通桥封堵（4.49万元）、吴桥闸砌石护坡勾缝（28.62万元）、王营盘闸前清淤（17.64万元）、罗寨闸检修楼梯维修（3.49万元）、庆云闸检修楼梯维修（3.81万元）、无棣河务局堤顶沥青道路维修（43.06万元）、辛集闸检修楼梯维修（7.7万元）等项目。

以建设“美丽水闸”为理念，全面推行堤防、水闸日常维修养护物业化。强化工程考核，严格落实水管单位月度考核、水闸局季度考核。

2. 海委示范单位复核验收工作

1月3日，海委印发《海委关于漳卫南运河吴桥闸管理所等单位通过水利工程管理考核复核的通报》（海建管〔2017〕1号），根据复核结果，经公示并研究决定，批准吴桥闸管理所通过海委水利工程管理考核复核，并再次确认为海委水利工程管理示范单位。

3. 创新工作

采用有效奖励机制，鼓励职工开展技术创新，多出成果、出好成果。庆云闸所职工纪情情的论文《水闸闸门启闭自动控制系统改进实例》被天津市水利学会评为2017年学术年会优秀论文。

【水政水资源管理】

1. 水法规宣传

组织开展纪念第25届“世界水日”和第30届“中国水周”宣传活动及“12·4”国家宪法日宣传活动。“世界水日”“中国水周”宣传活动期间，共设立宣传站7个，宣传专栏7个，出动宣传车7辆，悬挂横幅9条，散发宣传材料3000余份。“12·4”宣传活动期间，开展相关学习宣传，共出动宣传车7辆，设立宣传台3个，悬挂横幅7条，张贴宣传标语20余条，散发宣传材料1000余份。

2. 水行政执法

落实各项水政监察制度，强化执法巡查。加强漳卫新河河口管理，积极开展河口执法，与沧州局定期开展联合执法巡查活动。年内，辖区无现场处理水事违法案件，未发生重大水事违法案件，未发生因执法程序过错引起的各类诉讼案件。

3. 河长制工作

开展全面推行河长制相关工作。7月，对管辖范围内河湖问题进行重新梳理，细化违章建筑台账；10月，成立了水闸局推进河长制工作领导小组。

9月7日，所辖无棣河务局与无棣县公安、武警、边防、交通、安监、海事、渔政等部门组成联合执法队，以推进河长制为契机，依法对漳卫新河埕口镇孟家庄村段6处砂场进行了清理整治。共出动执法人员150余人，动用执法车30余辆，清障机械12台，拆除违章临建6处，地磅6台，清理建筑砂石料8000m^3。

11月30日，所辖无棣河务局与滨州市河长办密切配合，开展“清河行动”，对无棣河务局所辖堤防管理范围内违章建筑进行依法拆除。共拆除堤顶临河面违章建筑85户，拆除面积约9000m^2。

12月15日，所辖无棣河务局联合地方政府、无棣县河长办、公安、武警、边防、城管、水利局等部门，依法对漳卫新河埕口镇孟家庄村段船厂违章建房及附属设施进行清理整治。共出动执法人员30余人，动用执法车6辆，清障机械2台，拆除违章建房3处，拆除面积约500m^2。

4. 水资源管理与保护

认真完成水资源基本信息调查统计及数据资料上报工作。

合理调配雨洪资源，实行计划供水、合同管理。1月初，配合漳卫南局实施“引岳济衡”供水，通过和平闸向衡水方向供水，派专人蹲点驻守，每天开展水资源巡查，及时上报统计数据，保障供水工作顺利进行。

强化取水许可管理：定期开展取水许可监督检查；7月，配合山东省河长办的工作要求，对漳卫新河无棣段的取水口进行了再排查，掌握所辖范围各取水口基本情况和相关参数；完成18个取水口2017年取水工作总结和2018年取水计划编报工作；9月，完成取水许可换发证相关工作；11月，配合《漳卫南局落实最严格水资源管理制度示范实施方案》项目建设相关工作，完成2017年取水监控系统项目数据接受平台待录入信息需求表信息统计及核实工作。

强化各拦河闸水质水量监测，定期开展水功能区和入海排污口监督检查，及时采集送检辛集闸断面水样。2017年，未发现排污口，未发生重大水污染事件。

【防汛抗旱】

落实各项防汛责任制，调整防汛抗旱组织机构，召开防汛抗旱工作会议。加强汛前、汛期及汛后工程检查，向漳卫南局及时报送汛前检查报告和防汛工作总结。汛前重新修订完善《漳卫新河无棣县防洪预案》，并上报滨州市防指。严格落实24小时值班带班制度。密切关注上游来水，加强水资源利用，了解地方用水需求，做好水闸调度，最大限度利用好雨洪资源。

加强水文工作。完善各测站工作制度，完成引岳济衡水量水质监测工作；完成新建水尺断面水尺零点高程测量和断面测量；严格按照海委水文局下发的测站报汛任务书要求，认真做好汛期报汛工作。

【人事管理】

1. 人事任免

（1）处级干部任免。

3月23日，漳卫南局印发《漳卫南局关于刘敬玉、张朝温职务任免的通知》（漳任〔2017〕7号），中共漳卫南局党委2017年2月16日决定，任命刘敬玉为水闸管理局局长，免去张朝温的水闸管理局局长职务。

3月24日，漳卫南局印发《中共漳卫南局党委关于刘敬玉、张朝温同志职务任免的通知》（漳党〔2017〕21号），中共漳卫南局党委2017年2月16日决定：任命刘敬玉同志为中共水闸管理局委员会党委书记，免去张朝温同志的中共水闸管理局委员会党委书记职务。

（2）科级干部任免。

中共水闸局党委2017年2月17日决定，任命王雪松为漳卫南运河吴桥闸管理所副主任科员，李磊为漳卫南运河罗寨闸管理所副主任科员（闸人事〔2017〕9号）。

中共水闸局党委2017年4月21日决定，免去郑荫漳卫南运河吴桥闸管理所所长职务；刘建主持漳卫南运河吴桥闸管理所工作（闸人事〔2017〕22号）。

9月25日，水闸局印发《水闸局关于姜东峰任职的通知》（闸人事〔2017〕47号），经任职试用期满考核合格，任命姜东峰为漳卫南运河罗寨闸管理所所长。

中共水闸局党委2017年11月3日决定，免去韩玉平漳卫南运河水闸管理局工会副主席职务，自2017年11月30日起退休（闸人事〔2017〕61号）。

（3）其他人员。

1月，任命李博为无棣河务局科员，免去王营盘闸所科员职务（闸人事〔2017〕2号）。

3月，1名事业人员（王德华）退休（闸人事〔2017〕10号）、1名工人（杨新春）退休（闸人事〔2017〕11号）。

6月，1名事业人员（刘海燕）退休（闸人事〔2017〕33号）。

7月，1名事业人员（暴明信）退休（闸人事〔2017〕34号）。

7月，新招聘1名事业人员（王冲）。

2. 机构设置与调整

（1）5月15日，水闸局印发《水闸局关于成立职工健身工作领导小组的通知》（闸工管〔2017〕23号），成立水闸局职工健身工作领导小组，负责职工健身工作的指导、协调、检查、考核。小组成员如下：

组　长：刘敬玉

副组长：石　屹

成　员：王　静　李风华　翟秀平　翟永英　李兴旺　韩玉平　徐春云　范连东
　　　　金松森　刘学峰　霍　光　刘　建　刘春华　姜东峰　周世华　杨金贵

领导小组下设办公室，负责日常工作的组织开展。办公室设在工会。

（2）6月1日，水闸局印发《水闸局关于调整安全生产领导小组的通知》（闸工管〔2017〕28号），对水闸局安全生产领导小组成员进行调整，人员组成如下：

组　长：于清春

副组长：李兴旺　王　静

成　员：李风华　翟秀平　翟永英　韩玉平　范连东　徐春云　金松森

安全生产领导小组下设办公室，日常工作由工管科负责，由李兴旺兼任主任。

（3）6月1日，水闸局印发《水闸局关于调整2017年防汛抗旱组织机构的通知》（闸工管〔2017〕30号），对2017年防汛抗旱组织机构进行调整。

1）水闸局防汛抗旱工作领导小组。

组　长：刘敬玉

副组长：薛德训　贾　卫　石　屹　于清春　段俊秀

成　员：李兴旺　王　静　李风华　翟秀平　翟永英　韩玉平　孟淑凤　徐春云
金松森　范连东

2）职能组。

①综合调度组。

组　长：李兴旺

成　员：主要由工管科（防汛抗旱办公室）人员组成

②水情预报组。

组　长：金松森

成　员：主要由水文中心人员组成

③清障组。

组　长：李风华

成　员：主要由水政科人员组成

④物资保障组。

组　长：翟秀平

副组长：王长振

成　员：主要由财务科人员组成

⑤宣传报道组。

组　长：王　静

成　员：主要由办公室人员组成

⑥防汛动员组。

组　长：韩玉平

成　员：主要由工会人员组成

⑦检查督导组。

组　长：翟永英

成　员：主要由人事科人员组成

⑧监察审计组。

组　长：孟淑凤

成　员：主要由监察（审计）科人员组成

⑨通信信息及后勤保障组。

组　长：徐春云

副组长：范连东

成　员：主要由后勤服务中心、综合事业中心人员组成

3）顾问组。

组　长：杨志信

成　员：主要由退休有防汛经验的专家领导组成

4）防汛抗旱办公室。

主　任：石　屹

副主任：李兴旺

成　员：贾晓洁　劳道远　苗迎秋　范书春

（4）9月11日，水闸局印发《水闸局关于调整安全生产领导小组的通知》（闸工管〔2017〕42号），对水闸局安全生产领导小组成员进行调整，人员组成如下：

组　长：石　屹

副组长：李兴旺　王　静

成　员：李风华　翟秀平　翟永英　韩玉平　范连东　徐春云　金松森

安全生产领导小组下设办公室，日常工作由工管科负责，由李兴旺兼任主任。

（5）10月10日，水闸局印发《水闸局关于成立推进河长制工作领导小组的通知》（闸人事〔2017〕49号），成立水闸局推进河长制工作领导小组：

1）主要职责。

领导小组主要负责贯彻落实党中央、国务院、水利部、海委和漳卫南局关于全面推行河长制的决策部署，落实局党委推进河长制工作的重大措施，加强水闸局推进河长制工作的组织领导，指导督促相关地方全面推行河长制，协调解决推行河长制工作中的重大问题，加强对推行河长制重要事项落实情况的检查督导等。

2）组成人员。

组　长：刘敬玉

副组长：薛德训　贾　卫　石　屹　于清春　段俊秀

成　员：李风华　李兴旺　王　静　翟秀平　翟永英　金松森　范连东　徐春云
李本安　刘学峰　霍　光　刘　建　刘春华　姜东峰　周世华

领导小组下设办公室，办公室设在水政科，承担领导小组的日常工作。人员组成如下：

办公室主任：石　屹

办公室副主任：李风华（常务）、李兴旺、王　静

办公室下设综合组和技术组。

①综合组。

组　长：王　静　李风华

成　员：主要由办公室、财务科、人事（监察审计）科、水政科相关人员组成

工作职责：具体承担推进河长制工作领导小组办公室日常工作，负责推进河长制工作的综合协调、对外联络、督察督办、会务组织、文件办理、宣传报道、信息简报和档案管理等工作，做好领导小组办公室交办的其他任务。

②技术组。

组　长：李兴旺

成　员：主要由水政科、工管科、水文中心、综合事业中心相关人员组成

工作职责：组织河长制工作有关规划、方案的编制、审核、审查；负责相关业务的指导和督促检查；针对推进河长制工作技术性问题研究提出有关措施和建议；做好领导小组

办公室交办的其他任务。

3）职责分工。

领导小组组长对推进河长制工作负总责；各副组长根据分工负责相关工作审核把关。

机关各部门、直属事业单位根据职责做好相关工作。

无棣河务局负责与沿河相关地方的工作对接和联系，负责管辖范围推进河长制工作的具体落实。

4）议事规则。

局党委会和局长办公会定期研究部署水闸局河道管理保护和推进河长制工作重大事项，协调解决全局性重大问题。

领导小组原则上每年召开一次会议，主要内容为：研究局党委会和局长办公会议定事项具体落实措施，审议水闸局推进河长制工作的重大措施，指导水闸局全面推进河长制工作，总结上年度工作，确定下年度工作重点，研究推进河长制工作表彰、奖励及重大责任追究事项。

领导小组办公室根据需要不定期召开会议，必要时可以召开扩大会议。主要内容为：贯彻落实有关工作部署；调度工作进展情况；组织、协调、督促各有关单位履行职责；研究推进河长制工作过程中需要局党委会和局长办公会进行决策和协调解决的重要事项。

（6）11月13日，水闸局印发《水闸局关于调整安全生产领导小组的通知》（闸工管〔2017〕56号），对水闸局安全生产领导小组成员进行调整，人员组成如下：

组　长：刘敬玉

副组长：石　屹

成　员：李兴旺　王　静　李风华　翟秀平　翟永英　韩玉平　范连东　徐春云　金松森

安全生产领导小组下设办公室，日常工作由工管科负责，由李兴旺兼任主任。

（7）12月18日，水闸局印发《水闸局关于成立内部控制建设领导小组的通知》（闸人事〔2017〕69号），成立水闸局内部控制建设领导小组，人员组成如下：

组　长：刘敬玉

副组长：贾　卫

成　员：翟秀平　翟永英　王　静　李兴旺

领导小组下设办公室，承担领导小组的日常工作。办公室设在财务科，主任由翟秀平兼任。

3. 职工培训

2017年，水闸局共举办工程管理、水文测验、水行政执法、办公室工作等培训班11个；组织参加了“世界水日”“中国水周”“河长制”等网络培训班3个。参加水闸局举办的培训班人数450余人次；参加上级举办的各类培训100余人次。

为83人开通了在水利培训教育网的网络学习，均达到教育培训学时。

4. 人员变动

截至2017年12月底，水闸局在职职工96人，其中参照公务员法管理人员49人，事业人员 47 人。退休人员 42 人。

5. 职称评定与事业编制人员岗位聘用

(1) 8 月 16 日，漳卫南局印发《漳卫南局关于公布、认定专业技术职务任职资格的通知》（漳人事〔2017〕52 号），经水利部职改办《关于批准于习军等 327 人具备相应专业技术资格的通知》（职改办〔2017〕10 号）批准，王静具备政工师任职资格，取得资格时间为 2017 年 6 月 7 日；经海委高级工程师任职资格评审委员会评审通过，海人事〔2017〕24 号批准，朱卫亮、魏序具备工程师任职资格，任职资格取得时间为 2017 年 5 月 4 日。

(2) 12 月 11 日，漳卫南局印发《漳卫南局关于公布 2016 年度机关事业单位工勤人员技术等级考核结果的通知》（漳人事〔2017〕61 号），根据德州市人力资源和社会保障局《关于 2016 公布年度全省机关事业单位工勤人员技术等级考核成绩的通知》（德人社函〔2017〕26 号），孙立东、付天坤通过考核，分别取得维修电工、汽车驾驶员中级工资格，取得资格时间为 2017 年 11 月。

(3) 11 月 27 日，水闸局印发闸人事〔2017〕59 号文件，聘用魏序为专业技术岗位十级。聘期自 2017 年 7 月 1 日至 2019 年 12 月 31 日。

(4) 12 月 25 日，水闸局印发闸人事〔2017〕67 号文件，聘用刘艳秀为专业技术岗位十一级。聘期自 2017 年 12 月 25 日至 2020 年 12 月 31 日（聘期三年）。

(5) 12 月 25 日，水闸局印发《水闸局关于事业编制人员工勤技能岗位聘用的通知》（闸人事〔2017〕66 号），聘用：付天坤为工勤技能岗位四级；孙立东为工勤技能岗位四级；刘庆玲为工勤技能岗位四级。聘期自 2017 年 12 月 25 日至 2020 年 12 月 31 日（聘期三年）。

6. 职务与职级并行工作

组织实施职务与职级并行制度，共有 10 人完成了职级晋升，其中 3 人（李本安、周世华、杨海春）晋升副处职级，7 人（柳书勇、马连祯、房荣昌、史振国、王圣涛、李洪云、孙会权）晋升副科职级。

7. 表彰奖励

(1) 1 月 19 日，漳卫南局印发《漳卫南局关于表彰 2016 年度先进单位、先进集体的决定》（漳办〔2017〕1 号），授予水闸局“漳卫南局 2016 年度先进单位”荣誉称号。

(2) 1 月 19 日，漳卫南局印发《漳卫南局关于表彰 2016 年度工程管理先进单位和先进水管单位的决定》（漳建管〔2017〕5 号），授予水闸局“2016 年度工程管理先进单位”荣誉称号，授予祝官屯枢纽、吴桥闸管理所“2016 年度工程管理先进水管单位”荣誉称号。

(3) 2 月 4 日，漳卫南局印发《漳卫南局关于公布局属各单位、德州水电集团公司 2016 年度处级考核优秀结果的通知》（漳人事〔2017〕5 号），张朝温年度考核确定为优秀等次，嘉奖一次。

(4) 1 月 4 日，水闸局印发《水闸局关于公布 2016 年度参照公务员法管理人员和事业人员考核结果的通知》（闸人事〔2017〕1 号）。考核优秀人员名单如下：

1）优秀参照公务员法管理人员（6 名）。

刘学峰　郑　萌　刘春华　翟秀平　李兴旺　翟永英

2）优秀事业人员（7 名）。

刘晓燕　魏　序　孙立东　徐春燕　张云松　李国兴　王　宁

其他参加考核的人员均为称职。

对上述优秀等次人员嘉奖一次。郑萌、刘学峰 2014—2016 年连续三年考核被确定优秀等次，记三等功一次。

（5）2 月 8 日，水闸局印发《水闸局关于表彰 2016 年度先进单位、先进集体的决定》（闸办〔2017〕3 号）。授予吴桥闸管理所、祝官屯枢纽管理所、王营盘闸管理所“水闸局 2016 年度先进单位”荣誉称号，授予办公室、工管科、财务科、水文中心“水闸局 2016 年度先进集体”荣誉称号。授予庆云闸管理所“经济工作贡献奖”荣誉称号。授予王营盘闸管理所“水闸局 2016 年度模范职工小伙房”荣誉称号。

（6）2 月 8 日，水闸局印发《水闸局关于 2016 年工作创新获奖项目的通报》（闸工会〔2017〕4 号），通报创新工作获奖项目。

1）工程技术创新项目。

一等奖：庆云闸管理所《相序安全保护线路改造》项目

二等奖：王营盘闸管理所《钢丝绳半自动清洗器》项目

三等奖：吴桥闸管理所《高压注油润滑技术》项目

2）工作管理创新项目。

三等奖：罗寨闸管理所《无线远程报警新技术》项目

祝官屯枢纽管理所《水闸水位观测技术》项目

王营盘闸管理所《水闸水位观测技术》项目

鼓励奖：袁桥闸管理所《伸缩式声光高低压验电器的推广使用》项目

【综合管理】

加强制度建设，对全局性规章制度进行梳理和汇编，11 月编印完成《水闸局规章制度汇编》。

加强财务管理。健全完善财务内控制度，8 月修订印发《水闸局差旅费管理办法》。推进公车改革，9 月初对公车进行了封存，制定印发《水闸局公务用车制度改革实施方案》《水闸局车改后保留公务用车使用管理暂行办法》。

重视安全生产工作。调整安全生产领导小组，制定年度安全生产工作要点、安全生产月活动实施方案，层层落实安全生产责任制，开展安全生产月活动。2017 年，实现全年安全生产无事故。

【辛集收费站管理工作】

加强辛集收费站日常管理。制定《辛集收费站作风纪律整顿活动实施方案》，开展作风纪律整顿活动，进一步规范收费人员行为作风。高度重视辛集闸交通桥安全管理工作，对辛集闸交通桥桥梁安全进行严格监控。关心收费员工作、生活，在 2017 年冬季无法正常供暖情况下，采取电暖气等措施供暖。

2017 年，辛集闸桥收费 1067.54 万元。

【党建和党风廉政建设】

1. 党建工作

认真学习贯彻落实党的十九大精神和习近平新时代中国特色社会主义思想。扎实推进“两学一做”学习教育常态化制度化，开展专题研讨，组织主题实践活动。加强基层党组织建设，落实党员活动日制度，开展过硬党支部创建工作。

6 月 30 日，中共漳卫南局直属机关党委印发《关于表彰先进基层党组织 优秀共产党员和优秀党务工作者的通报》（漳机党〔2017〕8 号），水闸局第一党支部被评为 2016—2017 年度先进基层党组织；韩玉平、刘学峰、姜东峰、杨金贵被评为 2016—2017 年度优秀共产党员；于清春被评为 2016—2017 年度优秀党务工作者。

2. 党风廉政建设

落实党委党风廉政建设主体责任，召开党风廉政建设工作会议及专题会，签订党风廉政建设责任书、承诺书，党委领导班子成员与各单位、部门负责人分别进行廉政约谈。加强廉政文化建设，强化干部廉洁从政。严格落实监督责任，开展落实中央八项规定等情况的专项检查。深入推进廉政风险防控工作。

加强审计，对所属水管单位维修养护经费进行了审计，对吴桥闸管理所负责人实施任期经济责任审计。

【扶贫帮扶】

4 月，为期两年的选派第一书记驻乐陵市大孙乡吴官庄村抓党建促脱贫工作圆满结束。2017 年争取政策资金，为村里修建了一条长 970 多米、宽 4m 的混凝土路，方便村民出行。驻村帮扶工作取得显著成果，经上级有关部门综合考核评估，吴官庄村摘去省定贫困村的帽子。

7 月，杨金贵由水利部派出到贵州省六盘水市六枝特区担任扶贫挂职干部，援助贵州水利扶贫，为期两年。

【青年工作】

加强青年工作，开展“读书月”、志愿服务等活动。

11 月 13 日，漳卫南局团委批复（漳团〔2017〕12 号）同意共青团水闸局支部换届并更名。

12 月 20 日，漳卫南局团委印发《关于水闸局团委选举结果的批复》（漳团〔2017〕19 号），同意魏序任水闸局团委书记，苗迎秋、朱卫亮、耿书迪任委员。

【精神文明建设】

深化文明单位创建，开展环境卫生专项整治、志愿服务、“我们的节日”等活动。

水闸局机关、祝官屯枢纽管理所、袁桥闸管理所复查合格，被山东省精神文明建设委员会授予“2017 年度省级文明单位”称号；罗寨闸管理所保持“德州市文明单位”称号；吴桥、王营盘、庆云闸管理所保持“沧州市文明单位”称号；无棣河务局保持“滨州市文明单位”称号。

防汛机动抢险队

【防汛工作】

3—4月，按照《漳卫南局关于做好防汛抗旱准备工作的通知》要求，组织各部门负责人赴防汛机动抢险队设备基地（以下简称设备基地）开展汛前检查，做好现有防汛抢险设备、设施的检查和维护工作。同月，派员参加海委、漳卫南局举办的防汛抢险培训。

6月14日，召开防汛工作会，安排部署防汛工作。调整防汛抢险组织机构，明确防汛工作职责加强汛期值班带班纪律，实行24小时带班值班制度。

7月，举办防汛抢险技术、设备操作技能培训班，组织职工参加防汛抗旱知识竞赛、观看防洪抢险教育片等，提高防汛抢险人员的专业技能，努力打造成为漳卫南局防汛抢险的骨干力量。

8月8日，在设备基地组织开展抢险设备操作演练，操作员们严格执行操作程序，高质量完成演练任务，进一步提高抢险能力。

【抢险队建设项目】

按照建设项目年度计划安排，完成最后一批设备采购，包括挖掘机、推土机、装载机等抢险设备58台（套），帐篷、折叠床、救生衣等生活保障设施等250件（张），设备库$400m^2$，维修车间$280m^2$等项目。在项目建设过程中，严格按照"四制"要求管理，顺利完成设备采购和基础设施建设任务。

6月28日，成立了由22人组成的设备运行管理办公室，按照不同设备分成四个职能组，明确工作职责，全面负责设备的运行、维护和管理工作。建立设备管理档案，共形成设备档案三大类45盒。

【人事劳动管理】

1. 人事任免

2月9日，中共防汛抢险队党委决定，聘任吕晓霞为办公室副主任；魏杰为技术科副科长；王泽祥为抢险一分队副队长。以上同志聘期为三年（试用期一年）（抢险人〔2017〕2号）。

4月27日，中共漳卫南局党委文件（漳党〔2017〕30号）任命郑萌同志为中共防汛机动抢险队委员会委员。

5月2日，漳卫南局文件（漳任〔2017〕12号）聘任郑萌为防汛机动抢险队副队长（试用期一年，聘期三年）。

11月13日，共青团防汛抢险队第三届委员会第一次会议选举田晶同志当选为防汛机动抢险队团委书记，刘洁同志为组织委员，刘秀明同志为宣传委员（抢险〔2017〕14号）。

2. 机构调整

（1）5月16日，防汛抢险队精神文明建设领导小组成员调整如下：

组　长：段百祥

副组长：刘恩杰　宫学坤　李永波　郑　萌

成　员：组国泉　黄风光　彭闽东　齐建新　代志瑞　刘恒双　赵清祥　薛善林
张雁北　王吉祥

精神文明建设领导小组设办公室：

主　任：黄风光

副主任：吕晓霞

成　员：梁新伟　田　晶　万乐天　刘　洁

具体负责日常工作的组织开展。

（2）5月16日，防汛抢险队“文明单位创建工作组”调整如下：

组　长：刘恩杰

副组长：黄风光　吕晓霞

成　员：梁新伟　田　晶　万乐天　于　勇　董　燕　崔冰冰　刘秀明　刘　洁

（3）5月22日，根据防汛抢险工作的需要，现对防汛抢险组织机构调整如下：

1）领导小组。

组　长：段百祥

副组长：刘恩杰　宫学坤　李永波　郑　萌

成　员：黄风光　彭闽东　齐建新　代志瑞　刘恒双　赵清祥　薛善林　王吉祥
张雁北

领导小组办公室设在技术科，负责日常工作的组织开展，人员组成如下：

主　任：刘恩杰

副主任：代志瑞　黄风光

成　员：魏　杰　王　青　刘秀明　吕晓霞　梁新伟　董　燕　万乐天　田　晶

职　责：制定防汛抢险方案；做好水情、雨情、工情，以及有关险情信息汇总，及时通知有关领导和相关单位，为防汛抢险决策提供有力依据。

2）职能组。

①抢险组。

组　长：宫学坤

副组长：彭闽东　刘恒双　赵清祥　薛善林

成　员：万　明　贺卫国　刘书奇　王泽祥　魏玉涛　崔雁卿　刘凤昌　宋爱华
崔磊磊　王建平　李春静　刘明忠　范　洪　张石华　付丙贵　赵建利
颜新华　马德祥　于晓青　张志坚　于其忠　王　建　刘培成　孙希泉
唐心宝　范怡海　李国栋

职　责：实施抢险抢救应急方案和措施，并不断加以改进；抢险救援结束后，对结果进行复查和评估。

②技术组。

组　长：李永波

副组长：代志瑞　刘恒双（兼）　赵清祥（兼）　薛善林（兼）

成　员：魏　杰　王　青　田冬梅　国贞新　刘秀明

职　责：指导抢险组实施应急方案和措施；修补实施中的应急方案和措施存在的缺陷；绘制事故现场平面图，标明重点部位，向外部救援机构提供准确的抢险救援信息资料；收集、整理雨情、水情、灾情等信息，及时传达指挥中心的命令、通令，提供上报下传的资料。

③设备组。

组　长：郑　萌

副组长：张雁北

成　员：贾廷学　张玉胜　马书臣　俎文斌　付延刚　陈　燕　汤　咏

职　责：组织好救援物资、设备、车辆的进场施救，协助抢险人员对施工设备进行防护。

④后勤保障组。

组　长：王吉祥

副组长：李延国

成　员：王立明　方继榕　孙承柏　史文利　马　勇　辛　勇　王　勇　刘俊青
　　　　刘来峰

职　责：保障救援人员必需的防护、救护用品及生活物质的供给；维持抢险现场秩序；保持抢险救援通道的畅通。

⑤宣传组。

组　长：黄风光

副组长：俎国泉　吕晓霞

成　员：梁新伟　董　燕　万乐天　田　晶　刘　洁

职　责：主要负责做好广播、电视的宣传工作。

⑥劳资组。

组　长：齐建新

副组长：王雅伟

成　员：侯贻芹　崔冰冰　王学焕　苗瑞香　于　勇　宋爱莲

职　责：筹集防汛抢险经费，保证资金能满足救援抢险的需要。

（4）5 月 26 日，对安全生产领导小组成员调整如下：

组　长：段百祥

副组长：刘恩杰　宫学坤　李永波　郑　萌

成　员：黄风光　彭闽东　齐建新　代志瑞　刘恒双　赵清祥　薛善林　王吉祥
　　　　张雁北

宫学坤同志协助组长全面负责防汛机动抢险队安全生产工作。

领导小组办公室设在技术科，人员组成如下：

主　任：宫学坤

副主任：代志瑞

成　员：魏　杰　刘秀明　王青

（5）6月19日，成立防汛机动抢险队党建工作领导小组，人员组成如下：

组　长：段百祥

副组长：刘恩杰

成　员：黄风光　李延国　张万坡

党建工作领导小组下设办公室：

主　任：黄风光

成　员：吕晓霞　田　晶　魏　杰　刘书奇　刘培成

3. 人员变动

截至2017年年底，防汛机动抢险队有在职职工89人，退休职工46人。

4. 职工培训

加强人员培训，举办的各类培训班20期，内培人员557人次，外培56人次，网络答题参加人员达到186人次。46名干部开通水利教育培训网，人均学时达到92.5学时。全年干部职工培训率达到100%。

5. 职称评定

12月29日，聘任刘恩杰专业技术岗四级；薛善林专业技术岗六级；王雅伟、宋雅美、马莉莉、张森林、刘滋军专业技术岗九级；刘书奇聘任工程师，岗位为专业技术岗十级。以上同志聘期三年（2017年7月1日至2020年6月30日）（抢险人〔2017〕12号）。

12月29日，聘任王泽祥到专业技术岗八级；万乐天到专业技术岗九级。聘任孙希泉为技师，岗位为工勤技能岗二级；汪彪为高级工，岗位为工勤技能岗三级。以上同志聘期三年（2017年12月29日至2020年12月28日）（抢险人〔2017〕13号）。

6. 表彰奖励

2月4日，授予办公室、人事科“水利部海委漳卫南运河管理局防汛机动抢险队2016年度先进集体”荣誉称号；授予后勤服务中心“水利部海委漳卫南运河管理局防汛机动抢险队2016年度安全生产先进集体”荣誉称号；授予段百祥、刘恩杰、宫学坤、黄风光、彭闽东、代志瑞、王雅伟、马莉莉、刘滋军、宋雅美、梁新伟、魏杰、吕晓霞、刘风昌、刘明忠、张志坚、王建、魏玉涛、张玉胜、刘俊青、刘培成、汪彪等22名同志“水利部海委漳卫南运河管理局防汛机动抢险队2016年度先进工作者”荣誉称号（抢险人〔2017〕1号）。

6月30日，防汛机动抢险队第一党支部被漳卫南局机关党委评为“2016—2017年度先进基层党组织”，黄风光、魏杰、刘书奇被评为“2016—2017年度优秀共产党员”，李延国被评为“2016—2017年度优秀党务工作者”（漳机党〔2017〕8号）。

11月6日，经个人申报、单位（部门）推荐、评委会评审，确定王雅伟为“爱岗敬业”好人；刘风昌为“社会公德”好人；梁新伟为“孝老爱亲”好人；马勇为“拾金不昧”好人（抢险〔2017〕13号）。

【综合管理】

1. 制度建设

2017年，制定《防汛抢险队党委关于推进“两学一做”学习教育常态化制度化的实施方案》《防汛抢险队2017年党建工作要点》等党建文件12项，制定《2017年防汛抢险队党风廉政建设和反腐败工作实施意见》党风廉政相关制度4项，制定《培育和践行社会主义核心价值观行动方案》等精神文明相关文件5项，制定《2017年安全生产工作要点》等安全生产相关文件3项。

2. 综合政务

2月8日，抢险队召开2017年工作会，贯彻落实漳卫南局工作会议部署，总结“十二五”工作成绩，科学谋划“十三五”工作，部署2016年重点工作任务。段百祥书记做题为“稳中求进、开拓进取，全力推进抢险队各项工作向前发展”的工作报告，并对2016年度先进单位和个人进行通报表彰。制定《防汛抢险队目标管理体系》（抢险〔2017〕4号），细化工作任务，强化责任管理。

【安全生产】

6月14日，召开安全生产会议，传达漳卫南局安全生产会议精神，同时启动安全生产月活动。制定并印发《防汛抢险队2017年安全生产月宣传活动实施方案》，按照方案组织开展安全生产月活动，包括安全生产检查、安全生产知识答题和安全生产征文等活动。年内，组织有关部门、人员开展了重大节假日、汛期前等重点时期的安全生产大检查工作，积极查找隐患，全年无安全事故发生。

【“两学一做”学习教育】

围绕“两学一做”学习教育活动，6月8日，召开“两学一做”学习教育常态化制度化座谈会，安排部署抢险队“两学一做”学习教育常态化制度化工作。组织全体党员观看“两优一先”“两学一做”特别节目《榜样》，号召全体党员学习榜样精神，立足岗位为单位发展做出贡献。会后印发并实施《中共漳卫南局防汛抢险队党委关于推进“两学一做”学习教育常态化制度化的实施方案》。组织全体党员参观革命圣地西柏坡，开展“学习西柏坡精神，争做优秀共产党员”学习教育实践活动，引导广大党员干部深刻理解“两个务必”，进一步增强“四个意识”，提高党性觉悟。组织观看庆祝中国人民解放军建军60周年大会直播，听取习近平总书记重要讲话，回顾人民军队光辉历程，增强民族自豪感。8月16日，召开“两学一做”学习教育常态化制度化推进会，结合工作实际扎实推进、统筹兼顾、狠抓落实、强化监督。10月18日，组织党员干部收听收看十九大开幕式，认真聆听习近平总书记做的报告，深刻理解十九大报告的重大意义。11月，召开动员会部署十九大精神学习工作，会议指出要把学习宣传贯彻十九大精神作为首要政治任务，扎实有序推进，在全队上下全面掀起学习宣传贯彻十九大精神的热潮。

【精神文明建设】

深入开展作风建设，在全队开展“转变作风，弘扬正气”活动，严格考勤制度，强化纪律，树立良好风气，推动单位的和谐稳定。组织青年职工开展“五四”骑行、参加卫南局驻德单位乒乓球比赛、德州市全民健身节活动。组织开展2017年“世界水日”“中国水周”宣传活动，开展植树节义务劳动、重阳节送温暖等传统节日活动。9月，开展“传家训、立家规、扬家风”道德讲堂活动，邀请德州学院教授前来授课，进一步传承和弘扬优良家风，培育道德正能量，宣扬文明向上的家风文化。10 月，在全队开展“身边好人”评选活动，发挥榜样作用。根据漳卫南局《关于进一步加强青年工作的意见》的通知精神，11 月，完成共青团委员会换届工作。切实解决青年职工思想、工作、学习、生活中的实际问题，营造青年职工成长成才的良好环境，为广大青年职工发挥优势、建功立业创造条件。

成立党建工作领导小组，先后多次召开党委会研究有关党建工作。制定和印发《2017 年党建工作要点》《2017 年党委中心组学习计划》等党建文件，制定和完善了《党建工作责任制度》《民主生活会制度》《党员学习制度》《“三会一课”制度》等十项党建工作制度。

【党风廉政建设】

2 月 8 日，召开党风廉政建设工作会议，部署廉政工作，深刻领会全面从严治党的重要部署。签订《廉政建设承诺书》《党风廉政建设责任书》，构建主体明晰、责任明确、有机衔接的责任体系。3 月，制定印发《抢险队 2016 年党风廉政建设和反腐败工作意见》。4 月，制定印发《2017 年党风廉政建设考核指标体系》。5 月，根据工作需要，调整党风廉政建设责任制领导小组成员及责任分解。

结合“两学一做”活动，学习十八届中纪委第七次全会精神、《中国共产党廉洁自律准则》《中国共产党纪律处分条例》等法律法规，强化从严治党思路，严明党的政治纪律。认真执行《八项规定》和“三重一大”规定，坚决不碰高压线。深入开展反腐倡廉示范教育、警示教育和岗位廉政教育，组织党员干部到德州廉政教育基地进行廉政警示教育，推动党风廉政建设和反腐倡廉工作向纵深方向发展。

德州水电集团公司

【经营创收】

2017 年，共签订合同额约 1.23 亿元，其中养护工程合同额约 6500 万元，基建工程合同额约 5800 万元（含系统外工程约 3640 万元）。完成收入 1.4 亿元，其中养护工程收入约 6500 万元，基建收入约 7500 万元。全年实现净盈利约 614 万元。

新增计算机软硬件设计开发、设备和车辆租赁等业务。

2017 年，集团公司中标项目如下：山西禹门口灌区节水改造工程 2016 年项目禹门口灌溉片二级干渠 1～10 号渡槽维修改造工程，中标总价为 1859 万余元；宁津县国土资源局土地整理中心保店镇、杜集镇高标准农田建设项目，中标总价为 209 万余元；漳卫南局防汛物资仓库建设项目，中标总价为 558 万余元；平原县京沪铁路沿线与省道 101 之间环境综合治理土方工程九标段，中标总价为 89 万余元；庆云县 2017 年度高标准基本农田建设项目，中标总价为 303 万余元；山东省德州市德城区高标准农田建设项目漳卫南运河第三店排灌站维修项目工程（二次），中标总价为 133 万余元；平原县 2017 年度土地开发项目（施工）五标段：三唐乡，中标总价为127万余元。其中，山西禹门口灌区节水改造工程2016年项目禹门口灌溉片二级干渠1～10号渡槽维修改造工程、宁津县国土资源局土地整理中心保店镇、杜集镇高标准农田建设项目、平原县京沪铁路沿线与省道101之间环境综合治理土方工程九标段、庆云县2017年度高标准基本农田建设项目、山东省德州市德城区高标准农田建设项目漳卫南运河第三店排灌站维修项目工程（二次）、平原县2017年度土地开发项目（施工）五标段：三唐乡等项目已竣工。

【工程建设与管理】

1. 加强维修养护施工管理

2017年初，启动维修养护经验总结工作，对2005年以来堤防维修养护工作经验进行全面总结，维修养护资料收集整理工作已经完成。

2017年，在卫河维修养护工程区域内，推行“工区化”施工管理模式试点。11月，开办河道修防工技术培训班。

2. 进一步提升施工管理水平、施工能力

修订完善《工程项目管理办法》。定期在项目部召开工作例会，同时多次组织相关人员对在建项目进行质量会诊，2017年，德州水电集团公司共取得系统外工程项目6个。山西禹门口项目中，推广新材料、新技术的优选和应用，采用水利部推广使用阶段的新材料——聚脲。

【综合管理】

2017年，集团公司制定印发了《职工薪酬管理办法》《印章管理规定》《加油卡管理办法》和《关于专业技术资格与职务实行评聘分开的实施方案》等制度，修订完善了《工程项目管理办法》。

2017年先后组织环保骑行、义务劳动、义务植树、慰问残疾儿童、篮球友谊赛、青年联谊等活动。

【人事劳动管理】

制定《集团公司关于专业技术资格与职务评聘分开的实施方案》。

2017年举办了“营改增”培训、公文写作培训、河道修防工知识培训班等培训活动；通过网课的形式，对报考水利水电专业二级建造师人员进行了集中培训。全年共开展培训12期，参加培训的干部职工达320余人次。

将8名同志选拔聘用到中层管理岗位上，并对2名中层干部进行了人事异地调动。

【安全生产和环保工作】

召开了安全生产工作会；总部每月进行一次安全生产自检；举办安全生产培训班、消防安全知识讲座和实地消防演练各一次；在“安全生产月”期间组织职工参加安全生产知识网络答题活动。

集团公司2017年通过了环境管理体系认证（ISO14001）审核，取得相关认证证书。

【党团工作与党风廉政建设】

2017年，将党建工作写入公司章程。章程规定：凡涉及包括企业发展战略和中长期发展规划，企业改制、资产重组、产权转让以及资本运作和大额投资方案，重要改革方案和重要管理制度的制定、修改，企业的合并、分立、变更、解散，下属企业的设立和撤销等事关企业改革发展稳定、涉及员工切身利益的重大决策事项，都必须先经过党委会讨论。

2017年，通过中心组、党员学习日、专题讲座等形式，组织党员干部深入学习党章和习近平总书记重要讲话，研读十九大报告，观看教育专题片，参观警示教育基地和廉政教育基地参观学习。全年共组织各支部集中学习11次，举办理想信念和党性教育专题研讨3期，培训党员干部210余人次。

2017年，组织召开了第一届第一次全体团员大会，选举产生了共青团水电集团公司委员会，团委组织的正式建立。

2017年，制定印发《党风廉政建设和反腐败工作的实施意见》，召开党风廉政建设工作会议、主体责任座谈（约谈）会议等，完善责任清单管理制度。与中层干部签订《党风廉政建设目标责任书》《党风廉政建设承诺书》。

附　录

附录1　漳卫南运河管理局水功能区管理办法（试行）

（漳水保〔2017〕1号）

漳卫南局2017年1月9日印发

第一章　总　　则

第一条　为加强水功能区的管理，合理开发和有效保护水资源，落实最严格水资源管理制度，推进水生态文明建设，依据《中华人民共和国水法》、水利部《水功能区管理办法》和《入河排污口监督管理办法》等，结合漳卫南局实际，制定本办法。

第二条　本办法适用于漳卫南局管辖范围内水功能区的管理。

根据2011年国务院批准的《全国重要江河湖泊水功能区划（2011—2030年）》，漳卫南局管辖范围内水功能区划分为2个保护区、3个缓冲区和11个水功能二级区。

第三条　漳卫南局水资源保护处负责水功能区的统一管理，计划处、水政水资源处、防汛抗旱办公室等有关部门按照职责分工负责水功能区管理的相关工作。

水文处负责水功能区水质监测及其他监测业务，为水功能区达标评价、入河排污总量控制、水环境和水生态修复等工作提供技术支撑。

局属各河务局、管理局按照分级管理权限，负责所辖范围内的水功能区管理工作。

第四条　漳卫南局管辖范围内水功能区的管理，坚持统筹协调、分类指导、综合管理的原则，实行分类保护和管理，注重水量、水质、水生态的整体性，发挥水资源的多种功能，促进经济社会发展与水资源承载能力相适应。

第五条　漳卫南局管辖范围内水功能区的管理执行《全国重要江河湖泊水功能区划（2011—2030年）》和《海河流域综合规划（2012—2030年）》确定的目标。

第二章　水功能区管理和保护

第六条　水资源开发利用应当考虑生态流量和生态水位的基本需求，统筹水功能区水质、水量要求，科学制定调度方案。水库、水闸水量调度计划，跨流域引调水计划应考虑水功能区管理和保护要求。

第七条　在漳卫南局管辖的水功能区内从事生产建设和其他开发利用活动的，应当符合水功能区管理要求。

在进行河道管理范围内建设项目审查、取水许可、入河排污口设置、水工程建设规划同意书等行政许可项目时，应提出对水功能区保护的要求。

第八条　漳卫南局实行水功能区监督检查制度。

局属各三级单位对管辖范围内的水功能区开展月度监督检查，按月上报监督检查记录。

局属各河务局、管理局对管辖范围内水功能区管理情况进行季度监督检查，按月汇总监督检查记录，并编制月度监督检查报告上报漳卫南局。

岳城水库管理局按照饮用水水源地保护的要求开展监督检查，填写监督检查记录，按月编制监督检查报告上报漳卫南局。

漳卫南局对管辖范围内水功能区管理情况进行年度监督检查和考核。

推动与沿河地方政府有关部门建立联合检查机制。

第九条 水功能区监督检查主要内容包括：检查水功能区内有无新建排污口、原有排污口有无改扩建、有无潜在污染源、有无利用水利设施或私设暗管排污等偷排现象、其他违法违规行为等，检查中需做好现场影像记录，填写水功能区监督检查记录表。

入河排污口监督检查主要内容包括：检查入河排污口是否正在排污、有无改扩建等，检查中需做好现场影像记录，填写入河排污口监督检查记录表。

饮用水水源地监督检查主要内容包括：检查直接入库的污染源、固体废弃物堆放处、潜在污染源的变化情况，检查中需做好现场影像记录，填写饮用水水源地监督检查记录表。

根据工作需要，在调水、用水或者排污高峰时应实行重点监督检查，在突发水污染事件等特殊情况下，应对有关水功能区和入河排污口等进行驻守监督检查。

第十条 局属各河务局、管理局按月上报管辖范围内突发水污染事件情况，填写水污染事件月报表，重大活动节假日期间实行零报告制度。

局属各河务局、管理局管辖范围内发生水污染事件，要按照《漳卫南局应对突发性水污染事件应急预案》的要求及时上报，并根据具体情况启动应急预案。

漳卫南局及局属各河务局、管理局要建立完善应对突发水污染事件处置机制，积极建立跨区域突发水污染事件联防联控和应急处置机制。

第十一条 漳卫南局加强水功能区风险管理，定期开展风险源调查和风险评估，编制水功能区水域风险图。

第十二条 水文处组织开展漳卫南局管辖范围内水功能区、省界断面的例行监测，按月将监测和评价结果报漳卫南局。按照漳卫南局统一部署实施入河排污口的监督监测。

第十三条 局属各河务局、管理局负责管辖范围内的水功能区标志碑及省界监测断面标志碑的日常管护，及时清理遮挡标志碑的杂草、杂物，保证标志碑埋设良好，发现标志碑丢失和缺损要立即上报。

第十四条 推动建设漳卫南运河水功能区管理信息系统，逐步实现水功能区、入河排污口的信息化管理，推进水质、水量、水生态、入河排污口等有关信息的共享。

第十五条 漳卫南局及局属各河务局、管理局收集管辖范围内水功能区的水资源开发利用状况、水质、水功能区达标率、入河污染物总量和突发性水污染事件等资料，并开展分析评估，编制年度水功能区监督管理报告。

第三章　水功能区限制排污管理

第十六条 漳卫南局组织局属各河务局、管理局对管辖范围内的入河排污口进行管理。各单位开展入河排污口的调查和登记，建立管理档案。入河排污口档案包括：入河排污口位置、设置单位等基础信息，主要污染物排放量和浓度，排污口照片，入河排污口分布图。

第十七条 局属各河务局、管理局每年核查管辖范围内的入河排污口并及时更新档案。核查为全面排查，要调查污染物进入水功能区所有途径（包括排水口、支流口），填写入河排污口基本信息表，并编制年度入河排污口核查报告。

第十八条 按照水功能区的保护目标和水体的自然净化能力，漳卫南局核定管辖范围内水功能区纳污能力，报请海河水利委员会同意后，向有关地方政府环境保护行政主管部门提出限制排污总量意见，同时通报同级政府。

在干旱期和引调水等非常时期，漳卫南局向地方政府有关部门提出限制取水和排污意见，同时通报同级政府。

第十九条 入河排污口的设置应符合水功能区管理和保护要求，并遵守统一规划。在漳卫南局管辖范围内设置入河排污口的，局属各河务局、管理局要监督设置单位按规定履行批准手续。

第二十条 漳卫南局推动建设入河排污口在线实时监控系统。

局属各河务局、管理局要督促入河排污口设置单位开展标志牌、标准水文断面、缓冲堰板等规范化建设，要求其开展水量、水质监测，及时报送监测资料。

第四章 责任和考核

第二十一条 工作人员违反本办法规定，不履行水功能区管理职责的，按照有关规定进行处理。

第二十二条 为强化监督，漳卫南局将水功能区管理纳入目标管理考核指标体系，进行年度目标考核。

第五章 附则

第二十三条 本办法由水资源保护处负责解释。

第二十四条 本办法自印发之日起施行。

附录2 漳卫南运河管理局业务成果奖励办法（修订）

（漳建管〔2017〕7号）

漳卫南局2017年1月19日印发

第一章 总 则

第一条 为进一步规范业务成果奖励工作，更好地调动漳卫南运河管理局（以下简称漳卫南局）职工创新意识，提高职工解决漳卫南运河实际问题的能力，营造学术氛围，提高科研和业务工作能力，促进漳卫南局各项事业发展，特制订本办法。

第二条 奖励范围：获奖科研课题、获奖科技项目等业务成果；获奖调研报告；正式期刊上发表的与漳卫南局事业相关的学术论文；水利部、海委和漳卫南局组织的学术交流会上获奖的优秀论文；正式出版的与漳卫南局事业相关的著作；其他与漳卫南局事业有关的业务成果。

第三条 奖励对象为漳卫南局系统职工。

第四条 与漳卫南局事业无关的业务成果，不予奖励。

第二章 成 果 奖 励

第五条 由漳卫南局申报的成果获国家级科技进步等特、一、二、三等奖的，漳卫南局分别奖励项目组不高于80000元、60000元、45000元、30000元的奖金。

第六条 由漳卫南局申报的成果获省、部级科技进步等特、一、二、三等奖的，漳卫南局分别奖励项目组不高于40000元、30000元、20000元、15000元的奖金。

第七条 漳卫南局建设工程获中国水利工程优质（大禹）奖的，漳卫南局奖励建设单位不高于20000元的奖金。

第八条 由漳卫南局申报的成果获海委系统科技进步特、一、二、三等奖的，漳卫南局分别奖励项目组不高于30000元、20000元、15000元、10000元的奖金。

第九条 获漳卫南局科技进步一、二、三等奖的成果，漳卫南局分别奖励项目组不高于15000元、12000元、9000元的奖金。

以上第五至第九条业务成果奖励中，原则上控制人均奖金不超过3000元。

第三章 调 研 报 告 奖 励

第十条 漳卫南局职工作为第一作者撰写的调研报告获省部级以上奖的，奖励1500元；获海委系统奖的，奖励1000元；获漳卫南局系统奖的，奖励500元。

第四章 发 表 论 文 奖 励

第十一条 漳卫南局系统职工作为第一作者在公开出版的期刊（标有“CN”“ISSN”刊号、出版社和出版号）上发表的研究探讨漳卫南运河有关问题的、作者单位署名为漳卫南局系统内有关单位名称的论文，漳卫南局给予每篇400～1000元奖励。

第五章　交流论文奖励

第十二条　在学术交流会上研究探讨漳卫南运河有关问题的、作者单位署名为漳卫南局系统内有关单位名称的获奖论文，漳卫南局按级别给予奖励，分别为：水利部系统奖励1500元，海委系统奖励1000元，漳卫南局系统奖励500元。

第六章　著　作　奖　励

第十三条　漳卫南局作为主持单位编写的研究漳卫南运河实际问题、具有一定创新性的有正式书刊号的专著，漳卫南局给予每部著作10000元奖励；漳卫南局系统职工作为第一编著者参与编写的研究漳卫南运河实际问题、具有一定创新性的有正式书刊号的专著，奖励金额酌减。

漳卫南局系统职工非第一编著者参与编写的专著，不予奖励；材料汇总、资料汇编类等没有创新思想的著作，不予奖励。

第七章　奖　励　程　序

第十四条　漳卫南局建设与管理处负责业务成果统计汇总和形式审查，并对通过形式审查的成果进行分类。形式审查内容包括：申报材料内容是否属实，申报材料是否齐全。

第十五条　由漳卫南局科学进步领导小组选取7名以上具有副高级职称以上的漳卫南局系统内专家组成评奖委员会，对业务成果内容、质量、奖励额度进行评判，经评奖委员会讨论酝酿后提出最终获奖业务成果名单和奖励额度意见。

第十六条　除有特殊规定的奖励项目外，各类奖励均以自然年度为时间范围，每年奖励一次。局系统各单位每年第三季度将本单位上一自然年度完成的相关成果证明材料报局审核、汇总，奖励名单和奖励额度呈报局长办公会审批。

第十七条　同一成果多次获奖时，按最高奖级予以奖励。

第十八条　如发现剽窃他人成果或弄虚作假者，经核实将撤销其奖励资格，追回颁发奖金，且漳卫南局对其以后完成的业务成果不再给予任何奖励。

第八章　附　　则

第十九条　本办法由漳卫南局负责解释。

第二十条　本办法自印发之日起施行。

附录3 漳卫南局水利工程基本建设项目管理办法

（漳建管〔2017〕38号）

漳卫南局2017年6月6日印发

第一章 总　　则

第一条 为进一步规范漳卫南运河管理局（以下简称漳卫南局）水利工程基本建设项目的管理工作，根据《水利工程建设项目管理规定》（水建〔1995〕128号）、《水利工程建设项目验收管理规定》（水利部令第30号）及其他相关法律法规，结合我局工作实际，制定本办法。

第二条 本办法适用于漳卫南局负责管辖范围内由国家投资兴建的水利工程基本建设项目，其他水利工程建设项目可以参照执行。

第三条 漳卫南局水利工程建设项目管理严格按照建设程序进行，实行全过程的管理、监督、服务。

第四条 漳卫南局水利工程建设实行项目法人责任制、招标投标制、建设监理制和合同管理制；在上级指导下积极尝试代建制、设计施工总承包等新模式。

第二章 管　理　职　责

第五条 漳卫南局在海委主管部门的指导下开展水利工程基本建设项目的管理工作，有关部门与单位的具体职责为：

（一）建设与管理处为漳卫南局水利工程基本建设项目归口管理部门，负责水利工程基本建设项目的相关政策法规的宣贯实施，配合上级主管部门开展建设管理工作，督促项目法人按照国家的有关法律法规开展质量与安全工作；

（二）办公室负责工程建设档案工作的指导与管理；

（三）计划处负责工程建设项目前期工作的开展，组织做好建设内容及技术方案的协调工作，配合上级主管部门开展水利工程基本建设项目的设计变更管理与审批工作；

（四）人事处负责项目法人机构的组建、调整和考核；

（五）财务处负责建设项目合同管理、资金管理指导；

（六）监察（审计）处负责建设项目的廉政监督、合同履约监督，配合上级主管部门开展审计工作；

（七）局属各河务局、管理局参与漳卫南局水利工程基本建设前期工作，配合项目法人开展与地方人民政府及有关部门的协调工作，工程建设实施过程中，根据实际情况积极向主管部门和项目法人提出合理化建议。

第三章 项目法人的组建与职责

第六条 漳卫南局水利工程基本建设项目实行项目法人责任制，项目法人组建和管理按照水利部《印发贯彻落实加强公益性水利工程建设管理若干意见的实施意见的通知》

（水建管〔2001〕74 号）及水利部印发《关于加强中小型公益性水利建设项目法人管理的指导意见》（水建管〔2011〕624 号）的要求执行。

第七条 项目法人是水利工程基本建设项目责任主体，对项目建设的工程质量、工程进度、资金管理和生产安全负总责，并对项目主管部门负责；实行代建制等其他组织形式的，代建单位等按照合同约定承担建设单位职责。项目法人主要职责为：

（一）参与漳卫南局水利工程基本建设前期工作；

（二）按照基本建设程序和批准的建设规模、内容、标准组织工程建设；依法对工程项目的设计、监理、施工和材料及设备采购等组织招标；办理工程质量监督等报批手续；

（三）负责与地方人民政府及有关部门协调落实工程建设外部条件；

（四）组织编制、审核、上报项目年度建设计划和建设资金申请，配合有关部门落实年度工程建设资金，按时完成年度建设任务和投资计划，严格按照概算控制工程投资，用好、管好建设资金；

（五）负责工程质量管理，负责监督检查单项工程项目的建设管理情况，包括工程投资、进度、质量、安全生产和工程建设责任制等情况；

（六）负责组织制订、上报在建工程度汛方案，落实安全度汛措施，并对在建工程安全度汛负责；

（七）负责按照项目信息公开的要求向项目主管部门提供项目建设管理信息；

（八）负责组织编制竣工财务决算；

（九）按照有关规定和技术标准组织或参与工程验收工作；

（十）负责工程档案资料的管理，包括对各参建单位所形成档案资料的收集、整理、归档工作进行监督、检查。

第四章 合 同 管 理

第八条 漳卫南局水利工程建设项目严格执行合同管理制。

（一）合同关系是水利建设参建各方的关系纽带，是约束各方权利和义务的准则，是解决纠纷的依据，项目法人应严谨审慎地制定相关合同并按要求使用强制应用的合同文本；

（二）项目法人应根据《中华人民共和国合同法》和《漳卫南局机关合同管理暂行办法》（漳财务〔2012〕16 号）的要求制定详细的建设项目合同管理制度；

（三）项目法人应按合同备案制度的要求向漳卫南局财务处进行备案，并按照《漳卫南局水利工程建设监督实施办法》（漳办〔2000〕46 号）要求接受合同履约的监督管理。

第五章 工 程 质 量 管 理

第九条 水利建设项目要贯彻“百年大计，质量第一”的方针，建立健全质量管理体系。

（一）项目建设各方（建设、监理、设计、施工）必须接受各级质量监督机构监督，支持质量监督机构的工作；

（二）项目法人要建立健全施工质量检查体系，根据工程特点制定具体的质量管理与验收制度，加强对参建各方质量责任落实情况检查，按国家和行业技术标准、设计合同文件，检查和控制工程施工质量；

（三）监理单位应根据合同围绕施工管理的各个环节，对施工全过程进行有效的监督和管理；

（四）施工单位在施工中要推行全面质量管理，建立健全施工质量保证体系，严格执行国家行业技术标准和水利部施工质量管理规定、质量评定标准；

（五）发生施工质量事故，必须认真严肃处理。严重质量事故，应由项目法人（或监理单位）组织有关各方联合分析处理，并及时向主管部门报告。

第六章　工 程 安 全 管 理

第十条　工程建设必须重视安全管理，必须贯彻“安全第一，预防为主，综合治理”的方针。漳卫南局积极开展检查、监督工作；项目法人加强安全宣传和教育工作，督促工程建设的各有关单位做好生产安全。所有的工程合同都要有安全管理条款，所有的工作计划都要有安全生产措施。工程参建各方要落实安全生产经费，保证安全生产管理工作落到实处。

第七章　工 程 档 案 管 理

第十一条　水利工程建设项目中项目法人应加强档案管理，明确参建各方的档案管理职责，规范档案管理行为，及时按照《水利工程建设项目档案管理规定》《漳卫南局水利基本建设项目（工程）档案资料管理规定》的要求进行整理移交。

第八章　其　　他

第十二条　加强水利工程建设的信息交流管理工作。

（一）积极利用和发挥项目建设的实践与指导作用，组织开展科研学术活动，开展调查研究，推动管理体制改革和科技进步，促进水利建设队伍人才建设和管理。

（二）建立水利工程建设情况报告制度。

项目法人按要求定期向主管部门报送工程项目的建设情况。其中包括完成实物工作量，关键进度、投资到位情况和存在的主要问题，月报和年报按有关统计报表规定及时报送，年报内容应增加建设管理情况总结。

第九章　附　　则

第十三条　本规定由漳卫南局负责解释。

第十四条　本规定自公布之日起施行。

附录 4　漳卫南局关于印发《漳卫南局全面推进河长制工作方案》的通知

（漳水保〔2017〕7 号）

局直属各单位、机关各部门、德州水电集团公司：

为深入贯彻落实中共中央办公厅、国务院办公厅《关于全面推行河长制的意见》和水利部、海委全面推行河长制工作部署，结合我局实际情况，制定了《漳卫南局全面推进河长制工作方案》。经 7 月 25 日局长办公会审议通过，现印发给你们，请认真贯彻执行。

水利部海委漳卫南运河管理局

2017 年 8 月 11 日

漳卫南局全面推进河长制工作方案

为深入贯彻落实中共中央办公厅、国务院办公厅《关于全面推行河长制的意见》（以下简称《意见》）和水利部、环境保护部《贯彻落实〈关于全面推行河长制的意见〉实施方案》（以下简称《实施方案》）精神，切实推动漳卫南运河全面建立河长制，按照《海委关于全面推行河长制工作方案》（以下简称《工作方案》）要求，结合我局实际，现制定本工作方案。

一、总体要求

全面贯彻《意见》《实施方案》《工作方案》和水利部、海委部署，落实绿色发展理念，充分认识全面推行河长制的重要性和紧迫性，切实增强使命意识、大局意识和责任意识，开拓进取、攻坚克难，找准定位和担当，深入开展政策研究，切实加强基础工作，努力提高自身能力，履行好法律法规赋予的职责，解决好漳卫南运河面临的问题，为漳卫南运河流域的经济社会持续健康发展做出新的更大贡献。

二、工作目标

按照水利部和海委统一部署，充分发挥协调、指导、监督和监测等重要作用，履行好河道管理单位职责。面对漳卫南运河管理保护涉及上下游、左右岸和不同行政区域的复杂情况，积极协调沿河各地全力推行河长制工作，解决好沿河各地在推行河长制工作中的突出问题，确保各项目标任务的实现。强化漳卫南运河管理与保护工作，督促沿河各地全面落实《意见》提出的六大任务要求，切实维护漳卫南运河健康生命，实现河库功能永续利用。

三、主要工作任务

在全面加强水资源保护、水域岸线管理保护、水污染防治、水环境治理、水生态修复和加强执法监管等六项工作的同时，结合漳卫南运河特点，做好以下主要工作。

（一）成立领导机构

1. 成立以漳卫南局局长为组长，局领导任副组长，副总工、局直属各单位、机关各部门和德州水电集团公司主要负责人为成员的漳卫南局推进河长制工作领导小组（以下简称领导小组）。负责落实水利部和海委河长制工作部署，指导漳卫南运河全面推进河长制工作，协调解决推进河长制工作中的重大问题。相关部门（单位）按要求协调推进漳卫南运河河长制各项工作。（人事处牵头，水资源保护处参加）

2. 成立推进河长制工作领导小组办公室（以下简称领导小组办公室），设在水资源保护处。主任由分管副局长兼任，副主任由副总工、办公室主任、水资源保护处主要负责人兼任，下设综合组和技术组，成员由有关部门和单位人员担任。领导小组办公室承担领导小组的日常工作，落实领导小组确定的事项，负责推进河长制工作中的组织协调、督导检查等具体工作，督促河长制各项任务落实。（人事处牵头，水资源保护处参加）

（二）参加督导检查

1. 按照海委全面推进河长制工作督导检查方案，2018 年年底前，配合海委对河北省全面推行河长制工作进行督导检查，并针对发现的问题，配合海委进行专项督导检查。（水资源保护处牵头，有关部门、单位参加）

2. 参加海委组织召开的流域区片全面推行河长制工作督导会，研究分析有关问题，提出下一步工作意见和建议，加快推进河长制工作。（水资源保护处牵头，有关部门、单位参加）

3. 参加沿河三省组织的巡查、考核、督导检查等，针对有关问题提出意见和建议，督促地方落实好河长制工作。（水资源保护处牵头，有关部门、单位参加）

4. 参加沿河地方市、县河长制有关工作，针对有关问题提出意见和建议，督促地方落实好河长制工作。（局属各河务局、管理局牵头）

（三）落实联防联控

1. 推进建立漳卫南局辖区内的市级河长制工作联络机制，协调解决涉及左右岸和上下游之间、不同区域之间的河库管理保护重大事宜，实现信息交流共享，实行联防联控。（水资源保护处牵头，有关部门、单位参加）

2. 按照属地管理原则，加强与当地河长制工作对接，协调有关部门、单位进行联防联控，推动对侵占水域岸线、污染水资源、破坏水生态等问题进行联合查处。（局属各河务局、管理局牵头）

（四）加强水资源保护

1. 贯彻落实《水功能区监督管理办法》和《水利部关于进一步加强入河排污口监督管理工作的通知》（水资源〔2017〕138 号）要求，强化漳卫南运河水功能区和入河排污口监督管理。严格控制入河库排污总量，对排污量超出水功能区限排总量的地区，限制审批新增取水和入河排污口，提出限排意见和建议。加强水功能区、省界断面和饮用水源地水质监测及监督管理工作，建立水功能区水质达标评价体系，完善监测预警监督管理制度，立足漳卫南运河实际，推进对跨界河流水功能区的有效监管。（水资源保护处牵头，水文处，局属各河务局、管理局参加）

2. 贯彻落实最严格水资源管理制度，强化水资源的刚性约束，配合海委做好管辖范围内建设项目水资源论证工作，严格管辖范围取水许可监督管理，加强取水总量控制和计划用水、合同用水管理，强化水资源消耗总量和强度双控，合理配置和调度水资源，实施水资源定量化、精细化、资源化管理，开展水资源监控能力建设，推进取水口门计量监控设施建设，构建漳卫南运河水资源监控管理信息平台，全面提高水资源监控和管理能力。（水政水资源处牵头，水资源保护处、综合事业处，局属各河务局、管理局参加）

（五）加强河库水域岸线管理保护

1. 督导加强水域岸线管理与保护，严格水域岸线等水生态空间管控，编制完善岸线利用管理规划，依法划定直管河库管理范围。（建设与管理处牵头，计划处、水政水资源处、财务处、防汛抗旱办公室、水资源保护处，局属各河务局、管理局参加）

2. 进一步加强行政许可行为监督管理，配合海委做好管辖范围内行政许可工作，加强许可项目的监督管理，坚决打击管辖范围内未经审批擅自建设或虽经批准但未按要求修建涉河建设项目等违法违规行为。（水政水资源处牵头，计划处、建设与管理处、水资源保护处，局属各河务局、管理局等参加）

3. 督导沿河各地强化规划约束和监督管理，严禁以各种名义侵占河道、非法采砂、非法设障，协调对违法违规占用直管河库水域岸线活动开展清理整治，恢复河库水域岸线生态功能。（水政水资源处牵头，建设与管理处、防汛抗旱办公室，局属各河务局、管理局参加）

4. 推进建立健全河、库及河口规划治导线管理制度，强化直管河库岸线保护和节约集约利用，实现规划岸线分区管理。（水政水资源处牵头，计划处、建设与管理处、防汛抗旱办公室、水资源保护处，局属各河务局、管理局参加）

（六）加强水污染防治

1. 按照《水污染防治行动计划》相关要求，推进建立漳卫南运河水资源保护与水污染防治协作机制，健全跨部门、区域、流域的合作机制，统筹水上、岸上污染治理，完善入河库排污管控机制。（水资源保护处牵头，水文处，局属各河务局、管理局参加）

2. 加强对岳城水库水源地监督管理与保护，保障供水安全。推动建设饮用水水源地水质水量安全管理信息系统，强化信息管理；探索建立岳城水库水源地突发水污染事件应急处置能力和机制。（水资源保护处牵头，财务处、水文处、信息中心、后勤服务中心，岳城水库管理局参加）

3. 加强河道巡查，落实报告制度。完善应急预案，强化应急监测能力，加强突发污染事件应急处置能力，建立基层单位水体异常情况报告和水样报送制度。（水资源保护处牵头，水文处、信息中心、后勤服务中心，局属各河务局、管理局，德州水电集团公司参加）

4. 严格入河排污口监管。对沿河排污（水）口进行复核并建立台账，按照分区管理原则提出入河排污口布设规划意见，推进入河排污口专项整治和规范化建设工作。开展入河排污口日常监测和监督性监测，实现规模以上入河排污口监测全覆盖。落实基层单位监督管理职责，加强入河排污口监督执法，强化入河排污口监测监控能力，建立形成漳卫南运河入河排污口监督管理体系。（水资源保护处牵头，水文处，局属各河务局、管理

局参加）

（七）加强水环境治理

1. 按照海委相关要求，督导协调相关地方加强岳城水库饮用水水源地保护工作，切实保障饮用水水源安全。推进岳城水库饮用水水源地保护区重新划定工作，协调对保护区周边点源、面源、内源等各类污染源实施综合治理。（水资源保护处牵头，计划处、岳城水库管理局参加）

2. 强化河库管理保护相关信息系统和数据资源整合，构建互联互通、信息共享、运转高效的管理平台。加快推进水文水质监测站网、河库岸线和工情监测设施建设，全面提升河库管理保护信息化水平。（水政水资源处牵头，建设与管理处、防汛抗旱办公室、水资源保护处、水文处、信息中心，局属各河务局、管理局参加）

3. 推进建立健全水环境风险评估排查、预警预报与响应机制，探索建立流域水环境安全监控预警平台，实现监控数据实时传输共享与生态安全报警。（水资源保护处牵头，计划处、水政水资源处、建设与管理处、水文处、信息中心，局属各河务局、管理局参加）

4. 结合工程建设与管理，加强河库水环境综合整治。（建设与管理处牵头，水政水资源处、水资源保护处，局属各单位、德州水电集团公司参加）

（八）加强水生态修复

1. 联合沿河各地推进漳卫南运河生态修复和保护，禁止侵占管辖范围内水源涵养空间。（水政水资源处牵头，建设与管理处、水资源保护处、综合事业处，局属各河务局、管理局参加）

2. 推动实施河库渠系连通工程，恢复河库水系的自然连通。（计划处牵头，水政水资源处、建设与管理处、防汛抗旱办公室、水文处，局属各河务局、管理局参加）

3. 推进建立生态保护补偿机制，加快推动建立水源保护协调机制。（水政水资源处牵头，防汛抗旱办公室、综合事业处，局属各河务局、管理局参加）

（九）加强执法监管

1. 推进建立健全法规制度，探索多部门联合执法，完善水行政执法机制。（水政水资源处牵头，建设与管理处、防汛抗旱办公室、水资源保护处，局属各河务局、管理局参加）

2. 督导加大漳卫南运河管理保护监管力度，建立日常监管巡查制度，实行动态监管。（水政水资源处牵头，建设与管理处参加，局属各河务局、管理局，德州水电集团公司负责落实）

3. 进一步加强执法监管队伍建设，充实基层执法力量，提高执法能力和水平。（水政水资源处牵头，局属各河务局、管理局负责落实）

4. 督导沿河各地严厉打击涉河违法行为，联合执法清理整治非法排污、设障、捕捞、养殖、采砂、采矿、围垦、侵占水域岸线、非法乱丢化工废弃物等活动。（水政水资源处牵头，建设与管理处、防汛抗旱办公室、水资源保护处参加，局属各河务局、管理局负责落实）

（十）加强信息报送与宣传报道

1. 落实河长制工作信息报送制度，实行河长制工作进展月报制度。根据各单位工作进展，不定期编发推行河长制工作动态。（水资源保护处牵头，各部门、单位参加）

2. 加强河、库管理与保护法律法规的宣传，做好沿河各地及直管河库落实河长制工作的新闻报道，宣传推广河长制工作经验与成效。（办公室牵头，各部门、单位参加）

四、保障措施

（一）加强组织领导

漳卫南局按照《意见》《实施方案》和《工作方案》要求，落实机构、人员负责推进河长制工作，人事处要牵头研究落实推进河长制工作领导小组办公室人员编制、职责等长效运行机制，指导局属各河务局、管理局推进管理体制改革。局属各河务局、管理局要把全面推行河长制工作摆上重要议事日程，切实加强组织领导，提高思想认识，要建立健全工作机构，主要领导要亲自抓、分管领导要具体抓，要深入一线全方位摸清管辖范围情况，掌握第一手资料，不断分析和研究新情况、新问题，建立问题清单、任务清单，确保各项任务落实到位。及时了解沿河各地河长制实施情况，总结提炼不同地区落实河长制的典型经验、特色做法，帮助沿河各地协调解决重点难点问题，不断提升河长制工作水平。

（二）强化责任落实

领导小组办公室根据需要不定期召开会议，交流各单位工作推进情况，研究落实有关具体工作。需要研究、协调的重要事项，领导小组各成员单位要根据部门职责，提议并具体负责组织召开专题会议落实解决。各牵头单位要按照任务分工进一步制订工作方案实施细则，要将推进河长制工作内容列为目标管理年度指标进行督办和考核。要建立部门联动机制，加强部门协作、沟通交流、工作对接。各单位要主动加强与沿河各地政府和相关部门的沟通联系，形成上下协调、左右配合、齐抓共管的河库管理保护新局面，共同落实好各项工作任务。

（三）加强经费保障

要抓紧测算推进河长制、加强河库管理保护相关资金。财务处要牵头做好资金需求方案编制和项目储备，积极向上级单位申请相关专项业务经费，拓宽经费筹集渠道，为河长制工作顺利开展提供经费保障。要切实加强资金的使用管理，监察（审计）处要加强对资金的监督检查。

（四）提高信息化水平

运用卫星遥感、无人机航拍等先进技术手段，加强河库水域变化、侵占河库水域等情况跟踪，对重点堤防、水利枢纽、重要河库节点等进行视频实时监控。强化相关信息系统和数据资源整合，探索构建互联互通、信息共享、运转高效的管理平台，全面提升河库管理保护信息化水平。

（五）加强宣传引导

各单位要开展好全面推行河长制的宣传引导工作，通过举办培训班、讲座等方式，加强对相关人员的培养力度；充分利用广播、网络、微信等，广泛宣传引导，不断增强公众对河库保护的责任意识和参与意识，着力营造全社会关注河库、保护河库的良好氛围。